EMPATIA

JAIME RIBEIRO

EMPATIA

POR QUE AS PESSOAS EMPÁTICAS SERÃO OS LÍDERES DO FUTURO?

EMPATIA

Editores: *Luiz Saegusa e Cláudia Zaneti Saegusa*
Direção Editorial: *Claudia Zaneti Saegusa*
Ícone de Capa: *Paula Zettel*
Criação de Capa: *Catarina Alecrim*
Finalização de Capa: *Luiz Saegusa e Mauro Bufano*
Projeto Gráfico e Diagramação: *Casa de Ideias*
Revisão: *Rosemarie Giudilli*
6ª Edição: 2022
Impressão: *Lis Gráfica e Editora*

Rua Lucrécia Maciel, 39 - Vila Guarani
CEP 04314-130 - São Paulo - SP
11 2369-5377
letramaiseditora.com - facebook.com/letramaiseditora

Dados Internacionais de Catalogação na Publicação (CIP)
(Câmara Brasileira do Livro, SP, Brasil)

Ribeiro, Jaime
    Empatia : Por que as pessoas empáticas serão os líderes do futuro? / Jaime Ribeiro. --
1. ed. -- São Paulo : Intelítera Editora, 2018.

ISBN: 978-85-63808-97-4

    1. Autoconhecimento   2. Autonomia
3. Consciência 4. Emoções   5. Equilíbrio
6. Mente - Corpo I. Título.

21-80343   CDD-158.1

Índices para catálogo sistemático:

    1. Autoconhecimento   158.1

Iolanda Rodrigues Biode - Bibliotecária - CRB-8/10014

Para minha amada mãe,
Clélia Moraes.

Prefácio

Sempre que nos sentimos compelidos, pelo aumento da dor e da angústia humana, resultado de momentos em que percebemos a exacerbação do egoísmo, começamos a entender e a buscar saídas para que possamos avançar no processo civilizatório, atingindo novos e melhores patamares de humanidade. São em momentos assim que buscamos um comportamento chave, novo paradigma de conduta social, que nos resgate de nossa barbárie e nos coloque de volta nos trilhos da dignidade humana.

Mas, ao mesmo tempo em que gritamos pelo novo, duvidamos de sua possibilidade de acontecer. E aqueles que insistem, afirmando veementemente: "Sim, é possível!", ouvem da turba desesperada e desiludida: "Desista, isso é uma utopia."

E por que damos esse nome, essa definição ou conceito de utopia para as nossas tentativas de mudanças? Não seria porque, no fundo, não queremos pagar o preço e esforço de agir? Sendo a utopia um termo usado para definir um lugar imaginado onde tudo é perfeito, onde a justiça social é, finalmente, alcançada, a utopia termina por se tornar assim, sinônimo de impossível. E se é impossível, não há nada que eu possa fazer. Nada mais cômodo, nada mais paralisante também.

Ao acreditarmos que nada pode ser feito, pois qualquer tentativa de mudança recebe o rótulo de utopia, vamos para o outro extremo, a distopia. A distopia denuncia o caráter ingênuo da utopia, em sua crença de seres humanos melhores e sociedades perfeitas. A distopia foca no caráter negativo do futuro. Embora ambas sugiram a possibilidade de mudanças sociais, ao contrário das utopias, as distopias não oferecem nenhuma solução esperançosa, muito pelo contrário.

Assim fica uma questão: não há nada a ser feito? Não há possibilidades em mim de desenvolver uma atitude nova que permita, no somatório de todos, a construção de uma nova sociedade? Bem, eu acredito que sim, e meu amigo Jaime também.

Em seu livro fantástico, ele nos convida a compreender o impacto que a empatia terá no mundo. Empatia que não será fruto de uma visão utópica de que temos um lado bom, que precisa ser exacerbado. Mas, na visão de que não nos restará alternativas, para inclusive termos espaço num mundo onde as inteligências artificiais avançam dia a dia sobre nossos empregos, a não ser entender que a empatia mudará o mundo.

Ele nos convida, me permita assim chamar, à "globalização" de uma virtude ou comportamento, não importa como a chamemos ou a definamos: a empatia. Para Jaime, a empatia será a grande saída de nossa forma egoísta de vida, não por amor ao próximo, não porque somos bons e queremos um mundo melhor, mas por um motivo bem mais pragmático. Ele deixa claro que esse será um comportamento chave, pois num mundo em que estamos tão distantes, quem souber se fazer próximo e compreender o outro, terá "o mundo aos seus pés".

Acredite, não se trata de uma utopia, mas de uma constatação inteligente e astuta, pois vivemos hoje o que os psicólogos denominam de "epidemia de narcisismo". E o que seria essa epidemia? A cada dia aumenta o número de pessoas que exibem traços narcísicos de personalidade, o que limita seu interesse pela vida dos outros.

Não pense que se trata apenas de constatar, de forma reducionista, que somos todos egoístas, e que esse é um traço comum da natureza humana. Tudo bem que é inegável o quanto pensamos primeiro em nossas necessidades, mas cada vez mais pesquisas mostram algo mais sobre essa chamada "natureza humana".

Os neurocientistas identificaram em nosso cérebro, o que eles convencionaram chamar de um "circuito de empatia" que, se danificado, pode reduzir nossa capacidade de entender o que os outros estão sentindo. Já no caso das pesquisas da biologia evolucionista, evidenciou-se que somos animais gregários, ou seja, animais sociais, cuja evolução se deu por um processo natural de empatia e cooperação.

A psicologia do desenvolvimento nos lança luzes também na compreensão de que crianças de apenas três anos já são capazes de sair de si mesmas e ver as perspectivas de outras pessoas, ou seja, não somos apenas um poço de egoísmo, também temos um rio de empatia dentro de nós, que tanto pode ser inibido de se expressar, quanto pode ser estimulado a se concretizar em nosso comportamento.

Nesse livro fantástico, extremamente bem escrito e instigante, somos convidados a deixar todo nosso potencial empático vir à tona, e sem promessa de uma sociedade utópica, construirmos uma sociedade certamente melhor e menos egoísta.

Rossandro Klinjey
Psicólogo clínico e consultor do
programa Encontro com Fátima Bernardes

Sumário

1 - *Homo Empathicus*..................15

2 - Por onde anda a empatia?..................21

3 - A habilidade do futuro..................33

4 - O grito é a nova palmada..................43

5 - Qual o lema da sua família?..................57

6 - Novos caminhos e novas aventuras..................65

7 - O que os videogames me ensinaram até agora ..73

8 - Por que pessoas sem religião muitas vezes são mais generosas que aquelas que têm religião? ...85

9 - O espelho dentro de nós..................95

10 - A leitura como prática da empatia 101

11 - Dependência emocional e empatia 117

12 - Dois pesos e uma medida 127

13 - Empatia na sociedade.................... 135

14 - Política e empatia.. 145

15 - Casamentia 151

16 - Empatia e liderança....................................... 159

17 - O velho e o moço... 169

18 - Empatia em ação... 179

19 - A empatia será a maior habilidade dos
líderes do futuro 185

20 - Vamos mudar o mundo................................ 201

A empatia vai mudar o mundo, e nós somos os protagonistas dessa história.

#EmpatiaJaimeRibeiro #EspalheEmpatia

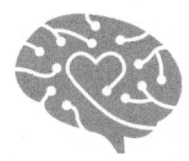

1 - Homo Empathicus

Se você é um daqueles que perderam a esperança de que o mundo está evoluindo e será um lugar melhor no futuro, calma aí! Este livro é uma boa notícia! Tenho certeza que a sua opinião vai mudar após ler estas páginas.

A velocidade das mudanças, proporcionada pelo avanço acelerado da tecnologia e pela completa transformação das relações sociais, tem deixado muita gente confusa e com a sensação de que a sociedade está involuindo.

A ideia de que o ser humano é apenas predatório, materialista, egoísta e extremamente ambicioso por natureza, tem se espalhado rapidamente na época atual. A grande responsável por isso é a bolha virtual criada ao nosso redor, pela formação das comunidades homogêneas da era digital, muitas vezes alimentadas pelas chamadas *fake news* ou pela atuação direta de grupos que, em busca de audiência, espalham apenas más notícias sobre a nossa sociedade.

Se isso fosse verdade, se nossa natureza fosse predadora e narcisista, como a raça humana teria chegado até aqui?

Quando olhamos nossas crianças, enxergamos essas características destruidoras e antissociais em essência?

O fato de identificarmos e convivermos hoje com desajustes econômicos e sociais, provavelmente, é porque ensinamos as crianças do passado a agirem assim, ou melhor, deixamos de ensiná-las a desenvolver as suas habilidades morais e sociais. Pode ser que a educação infantil intelectual tenha sido priorizada, acreditando que apenas isso fosse suficiente para se alcançar o sucesso na vida.

Recentemente, os cientistas apontaram a queda da empatia nos jovens de hoje, quando comparados com as gerações anteriores, mas isso não quer dizer que tudo está perdido.

Para o bem da humanidade, diferente do que pregam os pessimistas, nós somos animais sociais e a nossa natureza é empática.

Isso foi comprovado pela ciência com a descoberta dos neurônios-espelho, que são células nervosas ativadas quando estamos executando uma ação e que se manifestam da mesma maneira quando observamos alguém executando uma atividade. Por essa razão, imitamos espontaneamente quando vemos alguém bocejar e nos sentimos aflitos ao ver outra pessoa se cortar perto de nós. Essa sensação de sentir como se o corte fosse em nós ou de bocejar sem estar com sono não é coincidência ou acaso. São reações fisiológicas provocadas pelos neurônios da empatia.

A descoberta desses neurônios muda a nossa perspectiva egoísta e infantil, propagada muitas vezes por aqueles que apenas observam sem agir ou fazem o que chamo de "ativismo de sofá", compartilhando apaixonadamente opiniões e críticas nas redes sociais, mas quase nunca se engajando em ações e práticas sociais transformadoras.

A descoberta compartilhada aqui no livro é que a empatia está na nossa natureza. Somos *homo empathicus*.

Este livro traz histórias reais, pesquisas científicas e vivências pessoais, e convida cada um a fazer a própria parte no processo de construção de um mundo melhor.

Para isso, precisamos nos reinventar.

Educar uma geração que prefere enviar mensagens de texto a falar e que fica *on-line* mais de oito horas por dia, exigirá atenção especial nas atividades relacionadas às habilidades socioemocionais, seja em casa ou na escola.

A forma como nossos pais agiram conosco e que acreditamos que funcionarão para as novas gerações podem não fazer mais sentido para educá-las e desenvolvê-las.

Não apenas as gerações futuras, mas também a atual, precisa aprender a lidar com um mercado de trabalho cada vez mais competitivo e com relações sociais a cada dia mais complexas.

Atualmente, os adultos também passam mais de seis horas conectados na internet. Em boa parte do nosso tempo de contato com o outro, incluindo jovens e crianças, estamos transmitindo nossas emoções enviando *emojis*.

> ***Ninguém aprende a ser empático olhando em uma tela de celular ou* tablet. *Essa habilidade só pode ser desenvolvida no contato cara a cara, olho no olho.***

Vivemos em um presente que nos inunda de atividades e informações, e no qual a tecnologia disputa nossa atenção com aqueles que dividem a convivência conosco. Essa realidade pode comprometer a qualidade de nossas interações com amigos e familiares e, em longo prazo, diminuir significativamente nossa capacidade de nos colocar no lugar do outro.

Certamente precisaremos primeiro rever nossos próprios hábitos para poder, em seguida, ajudar a reconstruir a empatia perdida ao longo das últimas gerações.

O mundo precisa que pessoas idealistas e sonhadoras como nós transformem-se em agentes de mudança. Apesar de ainda termos desafios íntimos e sermos seres humanos em processo de maturidade moral, podemos fazer mais.

A empatia vai mudar o mundo, e nós somos os protagonistas dessa história.

A empatia é a
capacidade de ver
o mundo através dos
olhos de outra pessoa,
entendendo e dividindo
os sentimentos
e pensamentos
dessa pessoa.

#EmpatiaJaimeRibeiro #EspalheEmpatia

2 - Por onde anda a empatia?

> *Ninguém se importa com o quanto você sabe, até que eles saibam o quanto você se importa.*
> Theodore Roosevelt

Desde que o mundo foi apresentado aos conceitos da inteligência emocional, pelo psicólogo Daniel Goleman, existe uma euforia sobre a vantagem daqueles que conseguem identificar as emoções com facilidade, transformando esse conhecimento em um dos principais trunfos do sucesso profissional e pessoal.

Após o estudo disruptivo de Goleman, o autoconhecimento, o controle emocional, a empatia e a habilidade de desenvolver relacionamentos interpessoais

– características presentes na teoria das inteligências múltiplas – passaram a ser consideradas, por muitos especialistas, mais importantes do que a inteligência mental, o conhecido QI, para alcançar a satisfação na vida em termos gerais.

Por toda parte se multiplicaram seminários e estudos especializados para desenvolver o QE[1], mobilizando multidões, que depois de tantos anos se dedicando apenas a "concorrer na vida adulta" focando apenas na inteligência racional, buscavam reinventar suas crenças sobre os pilares do sucesso.

Baseadas na necessidade do equilíbrio perfeito entre conhecimento, talento técnico e habilidades socioemocionais, essa geração familiarizada com os conceitos da inteligência emocional cresceu e foi ao mercado de trabalho conhecendo a necessidade de se fortalecer no trato humano, para obter o sucesso.

Alguns anos mais tarde tornaram-se pais e com isso veio a oportunidade de criar e desenvolver uma nova geração, com melhores possibilidades de se destacar do que a anterior, pela chance de dominar

---

1 QE é a sigla de quociente emocional.

os segredos de como usar as alavancas necessárias para o sucesso material e moral.

Infelizmente, essa oportunidade não foi aproveitada.

Pesquisas feitas ao longo dos últimos anos comprovaram que a geração passada, conhecida por geração X, não foi eficaz na transmissão dessas habilidades para os seus filhos.

Essa não é uma notícia boa para o mundo porque, além de ajudar a canalizar as emoções para situações adequadas e motivar as pessoas, a inteligência emocional promove a prática da gratidão e desenvolve a empatia, deslocando o ser humano para uma ação mais positiva diante da sociedade.

Segundo pesquisas feitas pela Universidade de Michigan[2], o narcisismo em adolescentes apresenta um crescimento de 58%, quando comparados com os níveis estudados trinta anos atrás. Essa informação não seria considerada desastrosa para nós, se

---

2 Pesquisa liderada por Sara H. Konrath da Universidade de Michigan – "Empathy: college students don't have as much as they used too, study finds", ScienceDaily, May 29, 2010.

os níveis de empatia nos jovens não tivessem caído 40% no mesmo período.

A empatia é a capacidade de ver o mundo através dos olhos de outra pessoa, entendendo e dividindo os sentimentos e pensamentos dessa pessoa.

É a única habilidade humana capaz de ligar os homens pelos corações e promover a gentileza e o direcionamento moral para fazer o que é melhor para todos, não apenas o que é bom para si mesmo. Esse comportamento tem o poder de mudar toda a dinâmica social, funcionando como um antídoto contra chagas sociais como racismo, preconceito e *bullying*.

> *Constatar que os jovens estão perdendo empatia tem um significado social negativo, que impacta todo o desenvolvimento humano e até mesmo o futuro da sociedade como a conhecemos.*

Certamente, estamos criando a mais inteligente e independente geração de crianças e jovens de todos os tempos. Por outro lado, as crianças de hoje também se apresentam como as mais egocêntricas e estressadas de que se tem registro até agora.

Isso nos desafia a encontrar o caminho correto para educá-las.

Grande parte dos pais atuais perdeu a autoridade, confundindo o seu papel de educador dos filhos com autoritarismo e violência. Como diz o psicólogo Rossandro Klinjey, "Alguns pais se preocuparam apenas em ser amados pelos filhos, mas não se fizeram respeitar e, ao final não conseguem nem o amor nem o respeito deles."[3]

A moda de tirar *selfies* em sequência e, postar nas redes sociais para que os outros elogiem, é um tipo de comportamento social que materializa o perfil da chamada geração *selfie*.

Será mesmo que esses indicadores que retratam pessoas mais centradas em si mesmas e que se distanciam dos dilemas morais das gerações passadas são um problema?

Nos Estados Unidos acredita-se que sim. Segundo pesquisas[4], 60% dos adultos norte-americanos

---

3 Entrevista ao blog Tudo Sobre minha Mãe em 20 de dezembro de 2016: http://tudosobreminhamae.com/blog/2016/12/19/se-eu-no-respeito-meus-pais-eu-no-vou-conseguir-am-los-uma-entrevista-inspiradora-que-todo-pai-e-me-deviam-ler.
4 Pesquisa da Organização Public Agenda "Americans deeply troubled about nation's youth; even young children described by majority in negative terms," press release, June 26, 1997, http://www.publicagenda.org.

consideram que o fato de o jovem não aprender os valores morais e éticos seja um problema nacional.

Na tentativa de desenvolver nas crianças a capacidade de tomar decisões, os pais se confundiram e esqueceram de assumir um papel ativo no processo de aprendizagem, criando lacunas na jornada educacional.

As crianças e jovens necessitam de exemplos morais para ajudar na tarefa de escolher caminhos, principalmente diante dos dilemas éticos.

Delegar a uma criança a tarefa de escolher a cor do sapato que pode usar para ir à casa da avó exige uma intervenção educativa diferente da que deve ser utilizada no momento de deixá-la decidir se deve dividir, ou não, o seu brinquedo novo com o irmão ou com o amigo.

Em todo lugar do mundo ouve-se falar que as crianças de hoje são extraordinariamente prematuras e são seres humanos melhores que nós. Talvez isso seja verdade, mas é um erro acreditar que esse potencial de desenvolvimento não precise de nossos concursos para alcançar os resultados de educação e formação moral que esperamos.

Certo dia, eu estava fazendo um trabalho em uma ONG que funciona como creche para filhos de pais que vivem em situações financeiras delicadas e notei, na hora da refeição do final da tarde, que um garoto, após comer rapidamente o seu sanduíche, arrancou à força o lanche do colega que estava sentado à mesa ao lado. Apesar de o garoto ser repreendido por um adulto, logo após o colega chorar, nos outros dias já voltava a fazer a mesma coisa com uma nova criança.

Três dias após a sua chegada à instituição, não havia mais nenhum colega que quisesse se sentar ao seu lado. Para muitas daquelas crianças, aquele lanche era a última refeição que fariam até o próximo dia, quando chegariam à creche novamente, pela manhã. Notando a sua surpresa por estar sozinho à mesa, sentei ao seu lado para fazer companhia e em seguida perguntei por que ele parecia impaciente e surpreso por ninguém estar sentado ao seu lado, uma vez que nos dias anteriores ele havia tirado a refeição dos colegas de forma violenta.

Ele olhou nos meus olhos com um ar de espanto e respondeu de uma forma que me pareceu muito segura para um garoto socialmente fragilizado:

Eu tirei o lanche deles porque eu senti vontade de comer mais. A vida é assim, tio, ganha quem é mais sabido.

Fiquei alguns segundos calado, tentando encontrar na memória todas as teorias que meu psicólogo e orientador tinha me ensinado, e questionei de forma amorosa, porém firme, como ele se sentiria se outra criança maior e mais forte tivesse feito a mesma coisa, e ele ficasse sem comer até o outro dia. Emendei indagando se aquilo parecia ser justo e, se não, qual seria a forma correta de agir naquela situação.

Quando terminei as perguntas, o garoto baixou o olhar para a mesa e falou com uma voz chorosa: – Tio, eu queria muito ser bonzinho, ser bem legal, mas lá em casa o que minha mãe me fala é que quem é bom para os outros é bobo e não tem nada na vida. Você poderia me ensinar a ser bom com os meus amigos?

Naquele dia eu aprendi uma grande lição e constatei na prática que a técnica da disciplina por indução é muito eficiente.

Esse recurso é muito empregado para tratar o *bullying*, auxiliando as crianças a imaginar como se sentiriam se estivessem no lugar do outro que foi agredido, compreendendo o impacto de sua atitude na outra criança.

Desde então, procuro sempre utilizar esse aliado para reverter situações em que, normalmente, os adultos gritam ou punem as crianças desnecessariamente.

Ao executar essa técnica, sempre que as crianças agem indevidamente umas com as outras, os pais e educadores, além de desenvolverem a capacidade de tomar boas decisões, vão impactar o crescimento moral delas.

Crianças não querem fazer mal às outras crianças. Se forem ensinadas de forma clara, lógica e sem julgamento, de como suas ações afetam os seus colegas, elas vão se sensibilizar e agir da melhor forma.

Se nós esperamos criar crianças gentis, empáticas e corajosas, é nosso dever ensiná-las a serem dessa forma.

Como líderes também temos o dever de replicar esses ensinamentos no exercício de nossas funções, exemplificando, inspirando e nos interessando genuinamente pelas pessoas.

No mundo corporativo é muito comum situações assim, nas quais aquele que pensa ser mais "sabido" rouba ideias de outras pessoas. No entanto, tudo o que é falso um dia é desmascarado e, muitas vezes, o medo de ser descoberto como uma grande fraude causa muita sobrecarga emocional, com alguns resultados bastante negativos. A empatia nos auxilia a sentir a dor do outro, reforçando para que façamos escolhas certas e também pode ser uma grande mola propulsora de desenvolvimento de habilidades e competências verdadeiras para o bom desempenho de nossas funções.

Diferente do que se imaginava, a natureza humana é empática. Não somos seres egoístas e centrados em nossas necessidades.

Ainda estamos em tempo para agir e reverter o decréscimo da empatia nas crianças e nos jovens, bem como, agir de forma mais empática no mundo corporativo e na sociedade em geral.

A chave dessa reversão está na educação, não apenas da criança, mas de todo aquele que está aberto a novos conhecimentos e a desenvolver novas habilidades.

Vamos voltar a ensinar as crianças a serem empáticas. Aprendendo essa habilidade, que até então nos trouxe até aqui, elas estarão preparadas para o futuro da sociedade. Muito em breve, a empatia será a mais solicitada de todas as qualidades humanas no mundo.

Em um futuro não muito
distante, interpretar as
emoções das pessoas,
ser capaz de olhar
nos olhos de outro
ser humano, ler suas
mudanças e identificar
o que os faz brilhar,
será uma das qualidades
mais valiosas para o
sucesso profissional
e pessoal.

#EmpatiaJaimeRibeiro #EspalheEmpatia

3 - A HABILIDADE DO FUTURO

Tradicionalmente, a vida foi dividida em duas partes principais: um período de aprendizagem, seguido por um período de trabalho. Muito em breve este modelo tradicional vai se tornar totalmente obsoleto e a única maneira para os seres humanos permanecerem no jogo será manter a aprendizagem ao longo de suas vidas e reinventar-se repetidamente. Muitos, se não a maioria dos seres humanos podem ser incapazes de fazê-lo.

Yuval Noah Harari

No tempo da minha adolescência, ouvi muito minha mãe dizer que, na época dela, a vida era muito melhor. Reclamava que os jovens assistiam à televisão por muitas horas e isso impactava na dinâmica familiar. Para ela, as pessoas tinham pouco tempo umas para as outras e as conversas estavam ficando cada vez mais raras. Alertava que aqueles hábitos eram o início do fim das famílias. "Como nós vamos educar nossos filhos, se eles não tiram os olhos da tela e parecem estar hipnotizados? Não escutam nada do que falamos, depois de ligar a TV!", se queixava Dona Clélia, professora especialista em educação infantil, para suas colegas e vizinhos.

Como eu era um adolescente que lia um livro por semana, sempre achei essa previsão exagerada. Eu tinha certeza que a minha geração mudaria o mundo. Sentia isso quando ouvia o novo *rock* nacional. Certamente, essa não era a opinião da minha mãe quando ela ouvia as músicas que eu escutava, gritava estressada para eu baixar o volume e repetia: "Essa geração está perdida!"

A geração atual não é a primeira a viver em meio a múltiplos estudos e opiniões a respeito das mudanças culturais e tecnológicas de seu tempo. Quando lembro que livros já foram vistos como ameaça em vários momentos da História me pego sorrindo sozinho e imaginando como isso pôde acontecer. Acredito que o mesmo se dará no futuro, quando as próximas gerações estudarem nossos debates intermináveis sobre tecnologia, achando que essa discussão é igualmente engraçada e sem sentido.

Essa é mais uma de muitas histórias que vêm acontecendo a cada geração. Os ciclos se repetem: adultos mais velhos criticam os jovens pela forma como se comportam e, quando esses ficam mais velhos, encontram a mesma dificuldade de entender os mais novos.

Adultos frequentemente reclamam que os jovens de hoje são preguiçosos, egoístas e inconsequentes.

Lamentavelmente, para complicar ainda mais esse estereótipo, criado pelo choque de gerações, boa parte das histórias e filmes sobre jovens, que aparecem na televisão, os apresenta sob uma perspectiva deturpada. Por mais incrível que pareça, ler ou assistir a novas histórias negativas acerca dos jovens aumenta a autoestima dos mais velhos.[5] Talvez isso explique o motivo de tantas histórias assim serem produzidas.

> *Ao longo da História, toda vez que o mundo é apresentado a um novo tipo de mídia, existe uma tendência de desconfiança. Esse desconforto sempre surge durante o aparecimento de mudanças tecnológicas impactantes.*

---

5 Pesquisa: "Please your self: social identity effects on selective exposure to news about in-and out-groups." Silvia Knobloch-Westerwick Matthias R. Hastall, 2010.

Foi assim quando a televisão a cabo chegou nos Estados Unidos nos anos 70, e as pessoas passaram a gastar em média sete horas por dia com o aparelho ligado. Já naquela época, crianças menores de dois anos começaram a assistir a programas por mais de duas horas ao dia.

Na década seguinte, por causa da chegada dos videogames e videocassetes, as pessoas adicionaram uma hora extra por dia na frente da televisão, passando a gastar oito horas por dia assistindo a seus programas favoritos.[6]

Todas essas mudanças tecnológicas que aconteceram no passado parecem indicar que o uso excessivo de televisão impactou significativamente nas mudanças sociais atuais. O mais interessante é imaginar que tudo isso passou a acontecer bem antes da era da internet.

Os pais atuais são apontados, de certa forma injustamente, como os únicos responsáveis por criar uma sociedade narcisista e focada em si mesma. Na verdade, nós não somos os primeiros a nos preocupar com as mudanças comportamentais que afetam as relações humanas e o futuro da sociedade, como a conhecemos e imaginamos. Essa é uma

---

[6] Pesquisa: "Always connected: the new digital media habits of young children." Aviva Lucas Gutnick et al. March 10, 2011.

preocupação popular, bem como a dos sociólogos, há algumas décadas.

Colocar toda a culpa na internet, por causa da formação da mais competitiva e individualista geração na qual se tem registro, a chamada *Geração Selfie*, é simplificar um fenômeno de mudança comportamental, que vem acontecendo ao longo dos últimos trinta anos.

> *Como várias pesquisas psicológicas mostram, o egoísmo, pai do narcisismo, mata a empatia, que é o fundamento da humanidade. Isso diminui a qualidade das interações entre os indivíduos, causando sérios danos à sociedade.*

A síndrome do *selfie*, como a pesquisadora Michele Borba[7] chamou essa condição, na qual os jovens se preocupam mais com a autopromoção, marca pessoal e interesse próprio, está levando-os a excluir os sentimentos, necessidades e preocupações dos outros. Está lentamente danificando o caráter dos nossos jovens.

---

[7] *Unselfie – touchstone*. Michele Borba Ed. D.

Isso não quer dizer que podemos demonizar o uso das novas tecnologias. Que atire a primeira pedra aquele que nunca tirou uma *selfie*, não é verdade?

Contudo, não devemos assistir à influência da era digital de forma passiva, uma vez que não é novidade que as redes sociais mais populares estão empenhadas em intensificar a dependência digital e, com isso, reforçar o comportamento egocêntrico da geração atual. O desafio dessas empresas é nos manter conectados o maior tempo possível. Nossas mais inocentes curtidas, compartilhamentos e comentários são analisados minuciosamente para que esses dados sejam utilizados para anúncios assertivos. Saber mais sobre nós faz parte do negócio dessas empresas. Elas não cobram nada aos usuários porque não têm um produto específico para nos ofertar. O produto delas somos nós.

É certo que as mudanças comportamentais, provenientes dos avanços tecnológicos, continuam surgindo e se renovando. Para alcançar a motivação dos usuários e manter a interação e conexão com pessoas e organizações, as empresas vão usar todas as ferramentas que estiverem ao alcance.

Essa evolução tecnológica é importantíssima e necessária para a demanda atual de informações e para a velocidade das transformações nas quais vivenciamos hoje.

*O nosso papel é fazer com que os
jovens mudem o foco do 'eu, meu'
para o 'nós, nosso'.*

Essa mudança de perspectiva dará aos nossos jovens o diferencial que necessitam para se tornarem adultos bem-sucedidos, em um mundo onde já delegamos boa parte dos contatos entre humanos para máquinas e inteligências artificiais.

Em um futuro não muito distante, interpretar as emoções das pessoas, ser capaz de olhar nos olhos de outro ser humano, ler suas mudanças e identificar o que os faz brilhar será uma das qualidades mais valiosas para o sucesso profissional e pessoal.

*A empatia será a habilidade mais
requisitada dos líderes e transformadores
do futuro. São as pessoas empáticas
que vão sustentar a manutenção e o
desenvolvimento da humanidade.*

São eles que ajudarão a calibrar os algoritmos das inteligências artificiais, que tão bem analisam o passado e fazem previsões assertivas do futuro, mas provavelmente vão falhar nas escolhas e tomadas de decisões, relacionadas às múltiplas escolhas de juízo de valor.

Como vimos, a empatia já existe dentro de cada ser humano. A descoberta dos neurônios-espelho demonstrou significativamente como somos empáticos por natureza. O que precisamos agora é ajudar nossos jovens a se definirem como pessoas que se importam com os outros. Nosso compromisso é ajudá-los, desde a infância, a reconhecer os sentimentos alheios, ter um posicionamento moral e respeitar as necessidades e diferenças dos outros.

É importante dizer para eles que precisam se amar, ser confiantes e fortes. Que estaremos por perto para ajudá-los e ampará-los na jornada da vida. Todavia, é igualmente importante exercitarmos com eles as práticas de autonomia e tomada de decisões, reforçando a importância do direcionamento baseado em valores morais nobres.

Esses jovens bem preparados, de olhos atentos e cabeças levantadas, serão os gestores do amanhã. Diferente do que acontece no mundo de hoje, a vantagem deles não será uma condição social, racial ou de gênero.

Essa vantagem significativa será conquistada pela capacidade de tomar decisões e manter o foco no que é melhor para o coletivo.

No mundo da era digital, cheio de robôs, com uma multidão de olhos fixos e cabeças baixas, as pessoas empáticas vão liderar as instituições e conduzir as iniciativas que mantêm a existência da humanidade.

Precisamos nós mesmos, estar preparados para não nos tornarmos irrelevantes, vivendo em um mundo caracterizado por constantes transformações. A necessidade de desenvolver nossas habilidades emocionais, os hoje chamados *soft skills,* vai nos proporcionar a capacidade de nos adaptarmos rapidamente às mudanças em todos os campos da vida humana.

Temos o dever também de preparar as crianças e os jovens para assumirem um protagonismo no mundo, levando a educação socioemocional às escolas e exercitando as boas práticas emocionais e morais dentro de casa, a fim de nos preparar coletivamente para uma nova configuração na dinâmica de organização humana.

Ninguém precisa gritar com o outro, a empatia tem ouvidos excelentes.

#EmpatiaJaimeRibeiro #EspalheEmpatia

4 - O GRITO É A NOVA PALMADA

Só grita aquele que não tem razão.
Hermínio C. Miranda

Certo dia, eu estava caminhando em Ipanema, no Rio de Janeiro, e vi uma mãe muito zangada, gritando com uma garotinha que estava chorando. Quanto mais a menina chorava mais a mãe gritava e ameaçava levá-la de volta para casa.

A minha primeira reação foi de julgamento. Fiquei muito incomodado e pensei no quanto aquela cena era absurda. Refleti como um adulto pode tratar crianças de forma tão grosseira. Em seguida, me segurei para não intervir e pedir para que a jovem mãe falasse mais baixo com a garota.

Naquele dia, eu estava acompanhado de uma amiga, que é um doce de mulher e uma mãe exemplar. Revoltado, falei que não concordava que gritassem com crianças daquela maneira, quando ela me surpreendeu com uma confissão: "Meu amigo, quase todo adulto que conheço, inclusive eu mesma, já perdeu a cabeça no trato com os filhos e aumentou a voz para eles em algum momento, muitas vezes nos lugares mais inapropriados".

No momento fiquei pensativo e discordei com aquela cena que se repetia com frequência. Apenas anos mais tarde, quando estava fazendo as pesquisas bibliográficas para o estudo que se tornou este livro que você tem em mãos, constatei que minha amiga tinha razão.

Segundo uma pesquisa publicada nos Estados Unidos em 2003 pelo *Journal of Marriage and Family*, umas das mais conceituadas publicações de pesquisas científicas no campo familiar, 88% dos pais gritam com seus filhos.[8]

Os números apresentados pelos estudiosos me assustaram. Como consolação para meu desapontamento, refleti: "Pelo menos houve uma evolução. As pessoas pararam de bater em seus filhos. Ainda

---

8 Pesquisa: Eighty-eight percent of parents yell at kids: M. A. Straus and C. J. Field, "Psychological aggression by american parents: national data on prevalence, chronicity, and severity," Journal of Marriage and Family 65 (November 2003): 795-808.

é triste, mas já é algum nível de evolução na relação entre pais e filhos". Novamente, para minha surpresa, eu estava enganado. As pesquisas constataram que bater nos filhos ainda é uma realidade em muitas famílias.

Apesar de muitos de nós ainda acreditar que as palmadas, que já foram tema de incontáveis estudos científicos nas últimas décadas, fazem parte do passado nas relações familiares, 65% das crianças no Brasil já experimentaram violência em casa.[9] Nos Estados Unidos, 94% dos pais admitem bater em seus filhos após os quatro anos de idade, conforme apresentou a pesquisadora Elizabeth Thompson Gershoff, da Universidade de Columbia nos Estados Unidos.[10]

Sem dúvida, essa é uma péssima notícia. Precisamos como nunca que as novas gerações estejam habilitadas a se colocar no lugar dos outros para agir da melhor forma. Portanto, qualquer tipo de violência não ajuda em nada no processo educacional das crianças.

---

9 Pesquisa: "Ending Violence in Childhood", Global Report 2017, Know Violence In Childhood. http://globalreport.knowviolenceinchildhood.org/global-report-2017/

10 Pesquisa: "Corporal punishment by parents and associated child behaviors and experiences: a meta-analytic and theoretical review". – Psychological Bulletin copyright 2002 by the American Psychological Association, Inc.2002, Vol. 128, No. 4, 539–579.

> *Uma das maiores dúvidas que educadores e pais enfrentam hoje é entender qual a melhor forma de ensinar empatia para os educandos, ao mesmo tempo em que os disciplina para não se comportarem inadequadamente no trato com as pessoas.*

O melhor ponto de partida é analisar a forma como nós mesmos, adultos, nos comportamos uns com os outros. As crianças, por mais independentes que pareçam, copiam os nossos comportamentos. Como diz o psicólogo Rossandro Klinjey[11]: "O exemplo não é a melhor maneira de educar os filhos, é a única."

O tipo de educação que se dá aos filhos é sempre uma escolha de cada família. Por isso, não é pertinente querer definir o que é certo ou errado para cada realidade familiar. Todavia, ao longo de anos de pesquisas relacionadas à educação infantil, verificou-se que bater ou gritar com os filhos e esperar que eles não tenham as mesmas atitudes com outras pessoas, não vai funcionar em nenhuma ocasião.

Todas as interações que tivermos com as crianças, seja para discipliná-las ou para ensiná-las a

---

11 *Help! me Eduque*. Rossandro Klinjey. Ed. Letramais, 2017, p. 105.

agir adequadamente, são oportunidades para desenvolver a empatia e treiná-las na habilidade de se colocar no lugar do outro.

Bater ou gritar com uma criança quando ela faz algo errado, ou recompensá-la com coisas materiais quando se comporta bem no dia a dia são formas semelhantes de estragar oportunidades preciosas de educar.

Sinceramente, tenho dificuldades em entender porque ainda se usa o artifício do grito como metodologia de liderança parental. Dentro das empresas e demais instituições, esse recurso é inaceitável em qualquer campo de relação hierárquica. Na interação humana, o grito virou sinônimo de fraqueza de argumentos e incapacidade de diálogo. Parece expressão de poder, mas é apenas um atestado da perda dele.

O exemplo é a maior força educacional disponível para formar comportamentos.

Um dia fui jantar com um casal de amigos e com a filha deles de quatro anos de idade. Após acomodar a criança e sua inseparável boneca numa cadeira, começamos a conversar animadamente sobre uma viagem na qual iríamos fazer juntos nos próximos dias. No momento em que estávamos um pouco distraídos com a conversa, um homem se aproximou da mesa com a boneca na mão e sorriu para a garota, falando cordialmente, que a tinha encontrado no chão. A menina olhou para ele com expressão de raiva e gritou: – É minha! Tire as mãos da minha boneca, seu chato! Quem mandou você pegá-la?

A mãe dela, assim também todos no salão, se assustaram com o grito. Parecia que não sabia como reagir e, com a fisionomia nítida de quem estava envergonhada, deu um sorriso amarelo, agradeceu a gentileza e pediu desculpas ao rapaz. Logo em seguida, se dirigiu a mim e se desculpou pelo que a garota tinha feito.

Quando o homem saiu de perto da mesa, o pai, também completamente sem graça com o que tinha acontecido, falou para a menina que não era educado gritar com as pessoas. Explicou para ela que ele e a esposa estavam desapontados e com vergonha do que tinha acontecido. Advertiu que ela nunca mais fizesse aquilo, senão ficaria de castigo. A menina baixou os olhos e, encarando a boneca, falou: – Você também grita com o papai, mamãe. Grita com meu irmão e comigo. Por que eu não posso gritar com uma pessoa que eu nunca vi se você grita com quem você ama?

Imediatamente todos se olharam. A mãe colocou um sorriso sem graça no rosto, o pai parecia envergonhado por eu ter ouvido aquela revelação íntima da família e todos na mesa se calaram por alguns segundos, que pareceu durar horas.

Essa é uma grande máxima: as crianças copiam tudo aquilo que fazemos.

Se agirmos agressivamente com os outros, seja no ambiente familiar ou na rua, dificilmente conseguiremos convencer nossos filhos acerca da necessidade de se preocupar com a maneira que os outros vão se sentir, antes de agir diante das situações do cotidiano.

O bom exemplo dos adultos é a única forma de construir alicerces morais nobres e consistentes nos mais jovens. O uso da violência é o caminho mais curto para o fracasso nessa importante jornada educacional.

Há alguns anos, as pesquisas indicam que a violência doméstica influencia o desenvolvimento de comportamentos negativos nas crianças, como a agressividade, atitudes antissociais e atraso no desenvolvimento escolar, comprometendo o desenvolvimento moral e diminuindo a empatia.

Os pais da atualidade já aprenderam que bater, além de causar sérios danos à saúde das crianças, é uma prática socialmente inaceitável. Dessa forma, não sabendo mais como agir diante da indisciplina infantil, recorrem ao grito como recurso corretivo, acreditando que seja a melhor opção para educar os filhos.

> *Lamentavelmente, gritar virou a palmada dos tempos atuais. Não podendo mais bater nos filhos, os pais acreditam que o 'grito por amor' vai corrigir o que a conversa não foi capaz de fazê-lo.*

Fazendo isso, quem educa e diz que ama pode, sem querer, ensinar aos filhos que existe amor em algum tipo de violência. Não podemos gritar com nossos filhos em nome do amor que sentimos por eles. Agindo dessa forma, evitaremos que quando se tornarem adultos, eles não aceitem qualquer tipo de violência em nome do amor, se tornando aptos a desenvolver relações saudáveis e genuinamente fundamentadas em afeto.

Os adultos que gritam com as crianças ainda não sabem das reações nocivas, psicológicas e fisiológicas que esse hábito pode causar. Gritar é prejudicial, tanto para os pais quanto para os filhos. O estresse gerado pelo grito traz novas dificuldades à relação entre eles. Quando o nível de cortisol sobe, em função do estresse, as crianças entram em choque.

Os cérebros infantis reagem da mesma forma que os cérebros dos adultos, quando submetidos a altos níveis de estresse. O centro cognitivo é desligado e o centro emocional assume o controle. Quando as emoções tomam conta, as crianças podem responder gritando de volta para o adulto ou fazendo birra. "Se esse tipo de estresse persistir durante os anos de formação, o desenvolvimento emocional da criança pode ser afetado à medida que ela cresce", explica Goldman.[12]

Com todo esse estresse e frustração envolvida, não é nenhuma surpresa que o grito é um recurso que não ajuda a construir uma boa relação entre pais e filhos, muito pelo contrário, as pesquisas dizem que isso pode causar danos ao relacionamento entre eles.

O objetivo dos especialistas atuais não é apresentar estudos com o objetivo de proteger as crianças de qualquer uso de autoridade dos pais. Muito menos o de criar uma bolha protecionista, que pode fazer com que a criança acredite que nada pode contrariá-la ou aborrecê-la. Se isso fosse verdade, estaríamos criando seres humanos incapazes de lidar com frustrações na vida adulta e, por consequência, inabilitados para encarar as vicissitudes e desafios da vida. Como diz o psicólogo Ros-

---

12 Today's Parents. Edição de agosto de 2017.

sandro Klinjey, no seu livro *Help! Me Eduque*[13]: "Quando os pais pensam que, ao evitar críticas e não solicitar limites e respeito, tornarão seus filhos mais capazes e sem traumas, conseguem exatamente o contrário."

Os estudiosos afirmam que é preciso buscar alternativas responsáveis e de longo prazo, em vez de insistirmos nos métodos habituais, para disciplinar nossos filhos.

Alguns pais, que já tinham percebido os danos causados por qualquer ato violento, encontraram outras técnicas para ajudá-los na educação dos filhos. A que mais se destaca atualmente é a prática chamada de cantinho do pensamento. Nesse método, deixamos a criança sozinha para pensar, após ter cometido um ato de indisciplina ou ter perdido o controle emocional.

Eu sei que alguns dirão que o mundo está muito chato e que já não há o que fazer com as crianças e que os estudiosos são exagerados, mas essa também não é uma boa ideia.

Os pesquisadores temem que a criança, refletindo sozinha para tentar descobrir o que fez de errado,

---

13 *Help! me Eduque*. Rossandro Klinjey. Ed. Letramais, 2017, p. 63.

não aprenda por si mesma qual seria o comportamento adequado e não consideraria os sentimentos daqueles que ela machucara. Segundo exames do cérebro, o isolamento e a rejeição são capazes de causar a mesma dor que o abuso físico.

Em outra pesquisa feita nos Estados Unidos[14], para indicar o que deixava os pais se sentindo culpados em relação aos seus filhos, dois terços deles apontaram: gritar. Não mencionaram trabalhar muito, bater neles ou faltar a um evento importante na escola, como seus maiores fatores de sentimento de culpa.

Se bater nos filhos é uma prática socialmente inaceitável, se gritar agrava os problemas e pode ser tão nocivo como dar palmadas, você já deve estar se perguntando sobre algumas sugestões do que vai fazer com as suas crianças daqui para frente.

Entretanto, nós temos estudos científicos[15] que comprovaram excelentes resultados em crianças cujos pais usaram uma técnica chamada disciplina indutiva ou simplesmente, indução. Esse método consiste em ressaltar como o mau comportamento da criança impacta na forma como os próprios pais

---

14 *Mommy Guilt:* learn to worry Less, focus on what matters most, and raise happier kids. Devra Renner, Aviva Pflock and Julie Bort. Amacon. Abril, 2005.

15 Pesquisa: "Parents' use of inductive discipline: relations to children's Empathy and prosocial behavior." Julia Krevans John C. Gibbs.

se sentem a respeito do que ocorreu. Quando comparadas com crianças cujos pais utilizaram métodos disciplinares pesados, como punição física ou retirada de privilégios, as crianças educadas com a indução apresentaram níveis mais altos de empatia e benevolência, bem como mais facilidade em se colocar no lugar dos outros.

> *Ao escolher usar a disciplina indutiva para educar os filhos, exercitando junto com eles, como se sentiriam se estivessem no lugar do outro quando agissem indevidamente, se faz importante deixar claro que o desapontamento é sempre com o que a criança fez pontualmente, não com ela como indivíduo.*

Existem várias maneiras de se aplicar essa técnica. Pode-se simular uma inversão de lugares com a criança e fazê-la se sentir no lugar do outro; pode-se também usar a imaginação dela, para entender como um idoso se sente quando é desrespeitado; também se pode pedir para que a criança conte um incidente que ocorreu com ela e outra pessoa, na perspectiva do outro. Dessa forma, conseguirá entender os dois lados da história e, por consequência, poderá agir de uma forma mais empática para resolver conflitos e desentendimentos.

Nesses momentos de disciplina, é importante que os pais nunca percam a oportunidade de reforçar os valores e crenças morais sustentadas pela própria família.

Para nós, que estamos comprometidos em transformar o mundo por meio da educação, que escolhemos fazer diferença na nossa sociedade, mais preocupados com os filhos que deixaremos para o mundo, do que o mundo que deixaremos para eles, fazer escolhas acertadas nas interações com nossas crianças é a garantia de que estamos entregando o melhor de nós para o futuro da humanidade.

Em muito pouco tempo assistiremos à capacidade empática sendo uma das maiores habilidades daqueles que vão dirigir os novos tempos da humanidade. Tempos esses em que a capacidade moral será a chave para a continuidade da nossa espécie.

Está na hora de educarmos esses líderes do amanhã. Para isso, não usaremos violência, pois podemos falar baixo e firme.

Ninguém precisa gritar com o outro, a empatia tem ouvidos excelentes.

Os valores familiares serão os pontos de checagem, nos quais as crianças poderão submeter qualquer incerteza.

#EmpatiaJaimeRibeiro #EspalheEmpatia

5 - Qual o lema da sua família?

Não é difícil tomar decisões quando você sabe quais são os seus valores.
Roy E. Disney

Quais são as bandeiras que a sua família defende?

Se você tem filhos e eu perguntar às suas crianças quais são as bases que definem a sua família, elas seriam capazes de responder?

Não estou falando em time de futebol, crenças políticas ou até mesmo religiosas. Estou perguntando se seus filhos sabem quais são os valores, princípios e virtudes nas quais vocês alicerçam as suas crenças familiares.

Se na escola ou na rua eles forem solicitados a descrever sua família, falarão que vocês defendem a honestidade, a empatia, o auxílio ao próximo e o perdão como lemas familiares?

Se a resposta for "não" ou "não sei responder", chegou a hora de definir o que sua família defende e acredita moralmente.

Exatamente da mesma forma, como a maioria das famílias brasileiras faz logo cedo, deixando claro para qual time de futebol a criança vai torcer, ou a religião que a maioria da família professa.

É importante que seus filhos também saibam os valores e princípios sustentados pela sua família, bem como as razões que estão por trás do que vocês acreditam e representam.

Temos o dever social de deixar claro, porque posturas em favor do racismo, da intolerância, homofobia, sexismo e fanatismo são prejudiciais às pessoas e precisam ser abolidas da sociedade.

O conhecimento dos valores que vocês defendem em casa vai protegê-los na hora de enfrentar a pressão dos colegas e evitará que hesitem a respeito de suas identidades morais já constituídas.

Essas palavras poderosas podem ajudá-los a se fortalecer diante de dilemas morais e apoiá-los em situações comportamentais desafiadoras. Em especial, ao longo da infância e adolescência, que são as fases mais importantes na formação educacional do indivíduo.

Definir em conjunto uma frase que representa a sua família pode ajudar as crianças a determinarem quem elas mesmas são e lembrá-las das lições morais ensinadas pelos adultos responsáveis e professores.

Contudo, antes de envolver seus filhos na construção dessa tarefa, é importante perguntar-lhes quais sãos as crenças e valores mais importantes. Que tipo de família eles pretendem construir e, principalmente, quais são os comportamentos que eles observam dentro de casa, que sustentam o que a família é, ou no que ela quer se tornar.

Após esse exercício, qualquer família será capaz de listar todas as virtudes que praticam ou gostariam de praticar, tais como caridade, empatia, generosidade, tolerância, perdão e respeito. A partir daí criar, conjuntamente, o lema que a define e que sustenta quem ela é.

Para o pessoal do mundo corporativo, esse conceito deve parecer bastante familiar. Tenho certeza que algumas pessoas, até então, pensavam que ele se encaixava apenas na necessidade do mercado competitivo empresarial, acreditando que nada tem a ver com a necessidade familiar, mas não é bem assim.

Existem muitas similaridades nas necessidades de organização cultural de uma empresa e na definição das crenças familiares.

Em geral, as empresas bem-estruturadas possuem visão, missão e valores. A visão trata do que a organização deseja ser daqui a alguns anos e reforça o pensamento de longo prazo. A missão é uma explicação concisa da razão de existência da organização, que descreve o seu propósito e sua intenção, de uma forma generalizada. Os valores descrevem a cultura desejada pela empresa, são os guias comportamentais que listam os princípios que orientam e direcionam a organização.

Além dessas três bases, algumas grandes empresas também adotaram o propósito, que é a definição do que elas estão fazendo pelos outros. Essa inclusão do propósito leva o foco corporativo para um nível totalmente novo.

Com essa nova definição a empresa não apenas enfatiza a importância de servir aos clientes ou entender as suas necessidades, mas também coloca os gerentes e funcionários no lugar dos clientes, mudando a perspectiva de tomada de decisão, elevando assim o nível de serviço.

Ao definirmos conceitos semelhantes para nossa família, organizamos as crenças morais nas quais baseamos a nossa vida, multiplicando isso para os nossos descendentes.

Definir quais são esses valores e ter um propósito alinhado pode ajudar as famílias a consolidar suas virtudes e apoiar seus membros a se fortalecerem mutuamente. Parece coisa de ficção saída dos livros do George R. Martin – autor da série "As Crônicas de Gelo e Fogo", que inspirou *Game of Thrones*, conhecida série produzida pela TV americana HBO – mas é um recurso que definirá quem é a sua família.

Quando articulamos os princípios de nossa família, nossos filhos podem, efetivamente, ter mais capacidade de sustentar esses princípios. Em especial quando estão longe dos adultos, muitas vezes sob a influência de seus colegas.

A geração atual de jovens, devido à sua rotina de conexão digital, é a que mais sofre influência dos pares, colegas e amigos, em toda a História – o que os coloca numa condição de desvantagem, por não poderem usufruir da troca de experiências com os mais velhos, como as gerações anteriores puderam fazer. Isso nos obriga a redefinir a maneira como ensinamos as virtudes morais para eles.

Ao se depararem com uma oportunidade, um convite ou um pedido, e a vida exigir que façam escolhas sozinhos, eles terão uma referência clara de como devem agir. Serão mais fortes para dizer não, sem se afetar com a influência dos outros.

Estarão mais dispostos e preparados para fugir de qualquer coisa que não esteja em completa harmonia e alinhamento com os ideais ensinados dentro do campo familiar.

Os valores familiares serão os pontos de checagem, nos quais as crianças poderão submeter qualquer incerteza.

O propósito será a verificação do que a família está fazendo pelo próximo. Será a alavanca motivadora para o exercício da empatia, reforçando o desenvolvimento das habilidades necessárias, para que os membros da família busquem sempre entender a perspectiva do outro ao longo da vivência em sociedade.

No final do livro tem um *template* para você treinar a criação dos valores e lemas da sua família. Ao final da leitura deste livro, convide as pessoas que fazem parte do seu núcleo familiar para que construam essa importante tarefa. Certamente isso será

uma experiência inesquecível para ser vivenciada junto com aqueles que você ama. Por favor, não se esqueça de enviar fotos desse momento tão especial para as redes sociais da nossa editora. Vamos ficar muito felizes em poder participar, de alguma forma, desse momento especial que vai mudar a vida de vocês. Lembre-se, ao publicar utilizar as *hashtags*:
#EspalheEmpatia
#EmpatiaJaimeRibeiro e
#Letramais.

A empatia é a habilidade que nos proporciona cruzar a difícil zona de conflitos das diferenças e encontrar familiaridade e convergência na prática do amor.

#EmpatiaJaimeRibeiro #EspalheEmpatia

6 - Novos caminhos e novas aventuras

> *O que os jovens mais precisam nesse momento é de referência, de mentores. Hoje, a geração Y tem muita dificuldade de olhar para alguém mais velho e enxergá-lo como alguém de referência, como um mentor que de alguma maneira possa inspirá-lo a tomar uma decisão ou caminhar em uma direção. Não é aconselhar, é inspirar.*
> Sidnei Oliveira

A descoberta do universo dos super-heróis é fascinante para os adolescentes. As histórias são minuciosamente criadas, para se encaixarem perfeitamente no imaginário daqueles que se sentem incompreendidos e excluídos pelos adultos. O enredo, desde a descoberta dos superpoderes, em personagens frágeis que se transformam em meta-humanos, é a realização do sonho daqueles que sentem o potencial extraordinário acomodado dentro de si mesmos.

Essas histórias ensinam que mesmo aqueles que não possuem essas habilidades especiais podem se tornar um super-herói na vida. Nesse mundo extraordinário se mostra que a maior habilidade para se tornar poderoso é a vontade de ajudar o outro e de fazer a coisa certa, quando a maioria das pessoas não estaria disposta a fazê-lo por estarem ocupadas demais com suas próprias questões.

Eu passei toda a minha adolescência colecionando esses quadrinhos de super-heróis.

Os novos, que estavam disponíveis nas bancas, já não atendiam à minha necessidade de conhecer mais sobre aquele mundo. Eu precisava mergulhar na cronologia daquelas fantásticas histórias, que materializam meus sonhos de justiça social e transformação do mundo.

Foi dessa forma que conheci os sebos que frequento até hoje e alimentam minha conexão com os livros.

Eu e meus melhores amigos de infância nos divertíamos na missão de completar nossa coleção de revistas e guardá-la para o futuro. O objetivo inicial era conhecer a cronologia das histórias dos nossos personagens preferidos, mas depois virou algo maior, quando decidimos guardar as revistas como um tesouro, para que nossos filhos pudessem ler no futuro.

Nosso coração vibrava só em imaginar o que nossos filhos sentiriam quando lessem as histórias épicas dos nossos heróis preferidos. Contudo, nós não contávamos que, em alguns anos, o universo dos quadrinhos fosse entrar em nova fase, deixando para trás as eras de prata e de bronze, que marcaram época, com a criação de algumas das mais consagradas sagas.

Apesar dessa mudança ter acontecido no final dos anos 80, descobrimos isso apenas alguns anos mais tarde, quando, para nossa surpresa, Alyson, meu afilhado, rejeitou a coleção de quadrinhos que o seu pai preparou sistematicamente para ele, ao longo de tantos anos.

Sem que nos déssemos conta, o mundo havia mudado. Os adolescentes atuais já enxergavam as coisas de uma forma diferente.

Para compartilhar dos sonhos e participar do desenvolvimento da imaginação da geração do meu afilhado, os nossos quadrinhos antigos já não serviam mais. Os nossos interesses juvenis já não se encaixavam mais com os jovens atuais.

Um dia eu estava jantando com meu afilhado, que é um rapaz inteligente, equilibrado e cheio de sonhos, quando ele me falou que odiava ler. Eu fiquei bastante surpreso com aquela revelação. Ainda mais quando percebi que ele tinha convencido o pai de que aquilo fazia parte de sua personalidade.

Quando eu olhava nos seus olhos, via a mesma curiosidade desbravadora que o pai tinha, quando era da idade dele. Eu sabia que aquela lacuna era falta do estímulo correto. Senti que poderia ajudar se conseguisse enxergar o mundo com os olhos dele.

Para encontrar a chave de interesse de Alyson, apelei para uma pesquisa dos *best-sellers* infantojuvenis da época e ao longo de um novo jantar convidei-o a ler um livro junto comigo. Faríamos um pacto. Nós leríamos o mesmo livro e, uma vez por semana faríamos uma conversação sobre a história. O nosso desafio foi ler cem páginas em sete dias. Pensei que aquilo afetaria o andamento da minha pilha de leituras atrasadas, mas desapeguei. Aquela era uma missão para um super-herói. Naquele momento, eu precisava colocar a minha capa de padrinho e voar com o meu afilhado.

Naquela época, eu já sabia que a melhor forma de engajar um jovem da *Geração Y*[16], jovens nascidos entre os anos 80 e o início dos anos 90, era fazendo um grande desafio. Sob protestos do seu pai, o nosso clube do livro começou um dia após o desafio ser aceito por ele.

Como eu morava no Rio de Janeiro e ele em Recife, combinamos que toda sexta-feira à noite eu ligaria para trocarmos nossas impressões sobre a história.

Na primeira ligação, para minha surpresa, ele já tinha lido quase a metade do livro, enquanto eu ainda estava na página cem, que era o nosso combinado inicial.

---

16 *Geração Y*: o nascimento de uma nova versão de líderes. Sidnei Oliveira. Editora Integrare.

O mais fascinante foi encontrar meu afilhado completamente excitado e envolvido emocionalmente com a história, o que me encheu de profunda alegria.

As surpresas não pararam por aí. Apenas dois dias após a primeira ligação, ele me mandou uma mensagem dizendo que estava pronto para ler o segundo volume da série, pois tinha terminado o primeiro livro.

Alyson jamais leu a invejável coleção de superaventuras que o pai comprou e guardou para ele com tanta dedicação ao longo de sua adolescência. Contudo, em apenas um mês, leu os quatro volumes da série que lhe apresentei, tornando-se um dos leitores mais empolgados que já conheci.

A empatia é a força que não nos permite desistir de inspirar, educar e de deixar um legado para o mundo.

O exercício de enxergar na perspectiva do outro não é apenas para ensinar nossos jovens a compreender as necessidades do mundo ao seu redor; é para que eles entendam que a empatia é a habilidade que nos proporciona cruzar a difícil zona de conflitos das diferenças e encontrar familiaridade e convergência na prática do amor.

Para alguns pais, dar o *tablet* para o bebê tem o mesmo efeito de medicá-lo com calmantes, com a diferença de que não dói na consciência.

#EmpatiaJaimeRibeiro #EspalheEmpatia

7 - O que os videogames me ensinaram até agora

O fascínio por videogames tem atravessado gerações desde os anos 80, época em que o Atari se tornou o objeto de desejo de quase todas as crianças no mundo.

Os consoles mais modernos que vieram nos anos seguintes continuaram a ser o centro de algumas das melhores lembranças da infância de incontáveis meninos e meninas. Difícil encontrar algum adulto que não tenha se divertido com eles nas últimas décadas.

Particularmente, não consigo falar em videogame sem me lembrar do meu pai, que deixou nossa família quando eu tinha uns cinco anos de idade e voltou para a família de seu primeiro casamento, sem muitas explicações.

Eu não lembro direito dos nossos momentos juntos, apenas algumas experiências, como um passeio que fizemos no seu carro novo. Eu ainda hoje me lembro do cheiro forte do banco de couro. Lembro também do único dia em que ele nos levou – a mim e a meu irmão mais velho ao estádio de futebol, para torcer pelo seu time, que na verdade nunca nos empolgou.

Minha mãe evitava falar conosco sobre ele, mas sempre que o assunto referia-se a videogames, o nome dele era mencionado. Meu pai adorava *arcades*, fliperamas e jogos eletrônicos.

Óbvio que mamãe falava desse amor dele com desdém. Ela mesma odiava videogames, acreditava que os consoles estragavam os televisores, além de ser irritantes. Acredito que isso era apenas desculpa, uma vez que ela sempre achou que qualquer jogo fosse desperdício de tempo.

Quando eu insistia muito, ela tentava jogar conosco. Entretanto, tinha dificuldade de entender como alguém passava horas jogando. Ficava cinco minutos e logo inventava outra coisa para fazer.

O esforço que ela fazia para jogar com a gente, de alguma forma, era uma tentativa de ocupar a posição que nós sabíamos que papai facilmente ocuparia, devido ao nosso interesse em comum.

A maioria dos meus amigos, também, eram crianças criadas em famílias com mães solteiras ou divorciadas, por isso, os videogames ocuparam uma posição privilegiada em suas vidas.

Algumas mães odiavam a ideia de que os filhos jogassem por horas, mas adoravam o papel de excelente babá que os videogames cumpriam.

Aquele era um dos recursos mais confiáveis para que um grupo de crianças ficasse desacompanhado por horas, com baixo risco de se machucarem ou de quebrar objetos da casa.

Deixar as crianças sozinhas jogando, era mais ou menos o que acontece hoje quando adultos oferecem *tablets*, para que seus filhos fiquem quietos, enquanto querem executar outra atividade diferente a de cuidar de suas crias. Aquele ambiente controlado é bastante tentador e alivia os adultos da necessidade de vigília ininterrupta.

Para alguns pais, dar o *tablet* para o bebê tem o mesmo efeito de medicá-lo com calmantes, com a diferença de que não dói na consciência.

Em minha experiência como executivo na área de educação, tenho constatado que a tecnologia é uma importante aliada para o desenvolvimento da inteligência humana. Assim, os videogames daquela época, mesmo que em algumas vezes auxiliando ou até mesmo substituindo os pais, ajudaram no desenvolvimento de habilidades psicomotoras, do espírito competitivo e da perseverança, nos jovens e crianças. Funcionaram tais quais instrumentos de motivação nas quais identificavam a necessidade de praticar e se esforçar, para alcançar o sucesso e a vitória. Jogando por mais horas, se aperfeiçoando, tornaram-se capazes de competir bem mais com seus amigos.

O que precisamos é ter cuidado de não deixarmos a tecnologia ser a única companheira da criança ou do jovem.

Os especialistas advertem que, muitas vezes, por trabalharem demais, os pais "terceirizam" a educação e isso é um perigo, pois a criança cresce ouvindo o professor, a babá, o equipamento eletrônico, mas pouco convive com os pais, prejudicando a ligação afetiva tão necessária para o bom desenvolvimento da criança.

Embora a tecnologia seja uma grande aliada, a criança precisa da companhia dos pais ou daquele que é responsável por sua educação, pois hoje existem outras configurações familiares. Esses especialistas alertam que não importa a quantidade, mas a qualidade do tempo que é dedicado ao educando, pois nenhum equipamento eletrônico substitui o abraço, o brincar junto, o ouvir a criança, na formação emocional dela.

Contudo, a tecnologia quando bem dosada, cognitivamente, pode ser uma prática tão saudável quanto a dos esportes tradicionais, nos quais as crianças que mais treinam são as que mais se destacam. A prática e o treino podem levar até mesmo aqueles menos talentosos a aprender que a repetição e a dedicação são o melhor caminho para a excelência e o sucesso.[17]

Essa lição aprendida na infância ajudará a desenvolver importantes habilidades necessárias na vida adulta.

Claro que sem a presença de um adulto ou educador as sessões "esportivas" de videogame podem terminar em uma grande bagunça e muitos desentendimentos. Lembro-me de um dia da minha infância em que eu ganhei uma partida de um colega. Ele, que era o dono do videogame, ficou tão zangado que me mandou embora da sua casa. Com o rosto todo vermelho de raiva me acusou de ter jogado de uma forma "errada". Eu só não fui expulso da casa dele, porque a sua mãe ouviu de longe o que estava acontecendo e intermediou a situação. Depois disso, como o videogame era dele, eu fiquei apenas obser-

---

17 *Fora de Série Outliers*. Ed Sextante. Malcom Gladwell. Ed. Sextante, 2008.

vando todo mundo jogar. Apesar de estar morrendo de vontade, não joguei mais nenhuma partida.

Por causa de todas essas lembranças, quando me imaginei jogando com meus filhos ou sobrinhos, já me posicionei como o parceiro perfeito de jogo que eu poucas vezes tive na minha infância. Sem problemas, o deixaria escolher os jogos e até mesmo quando eu deveria ou não participar das partidas.

Eu queria ser o apoio para motivá-los quando perdessem e me tornar um bom oponente quando houvesse o momento de disputa entre nós. Imaginei, até mesmo, que fingiria perder alguma partida para eles se sentirem melhores consigo mesmos e com a autoestima fortalecida.

Acreditava que essa seria uma forma empática de prever como eles se sentiriam e que pudesse ajudá-los a passar por essas experiências de uma forma ainda mais positiva, do que as que eu passei na minha infância.

O que eu também não imaginava sobre essas fantasias era o quanto a nova espécie de jogos surgiria e poderia alterar profundamente a forma como adultos e crianças se relacionam, em suas interações lúdicas.

É claro que os jogos de desafio e luta ainda são muito populares hoje, mas entre as crianças com a idade dos meus sobrinhos e afilhados essa modalidade foi amplamente ultrapassada por uma categoria de jogos sem fim, nos quais as crianças podem criar e explorar mundos fantásticos e interagir com tantos outros universos virtuais. Muitos deles são grandes aliados do professor no desenvolvimento do processo pedagógico em sala de aula.

O mais interessante de todos esses jogos é, sem dúvida, o *LEGO*[18] *Words*.

Esse jogo apresenta ao jogador um mundo rico e interativo composto inteiramente de blocos simplificados que se customizam, um *LEGO* virtual. Jogando, a criança pode explorar e descobrir novas terras, se instalar em uma determinada área para construir objetos, ou até mundos inteiros, para si mesma.

Na prática, jogar *LEGO Words* é bem diferente de brincar com o *LEGO* tradicional, muito menos se parece com os videogames que eu jogava na minha infância.

A melhor parte desse jogo é a capacidade de aprendizado do mundo real, a partir de um mundo virtual que ajuda a criança no desenvolvimento da criatividade e de outras importantes habilidades como trabalho em equipe, prática na resolução de problemas e encorajamento para exploração e descobertas.

---

18 LEGO é um brinquedo muito popular há várias gerações, cujo conceito se baseia em partes que se encaixam permitindo muitas combinações.

> **No LEGO Words,** *os mundos imaginários que meus sobrinhos sonham são expressos e realizados em um ambiente virtual, onde várias pessoas podem habitar e viver juntas.*

Um dia, estávamos jogando e, em um determinado momento, eles me alertaram que nos encontrávamos dentro de uma pirâmide, cheia de areia movediça. Eu demorei alguns segundos para entender. Quando olhei para baixo, percebi que o chão tinha uma cor esquisita, realmente parecia que o solo era mais frágil que o da sala anterior. Naquele momento, eu apenas segui os passos deles, subi as paredes de pedra usando a cabeça e ajudei derrubando alguns blocos, para atravessarmos o terreno perigoso.

A nossa interação naquele momento foi completamente diferente da que temos com jogos de lutas ou corrida, que são modalidades de jogos cheios de regras e caminhos ocultos, podendo também estimular a curiosidade e motivar o desafio. Entretanto, nessas dinâmicas dos jogos antigos tudo já vem planejado e preestabelecido. Não há espaço para criação e desenvolvimento de novas possibilidades.

Quando jogamos *LEGO Words* juntos, a forma como as crianças se desenvolvem e, portanto, como nos relacionamos durante o jogo, é invertida: eles convertem aquele mundo virtual do videogame em expressões de suas próprias fantasias e sonhos.

Ao me permitir entrar e explorar esses mundos de sonhos com eles, posso entendê-los de uma forma como os jogos da minha infância jamais conseguiriam me proporcionar. Vivo uma experiência que eu não imaginaria que poderia extrair de um videogame e de uma forma lúdica eu alcanço as suas perspectivas imaginárias que eu dificilmente conseguiria, se estivesse apenas desenhando e pintando com eles.

Viajando pelos mundos que meu sobrinho se instalou nos últimos anos, eu encontrei uma riqueza de imagens e cenários, que se espera que habite a cabeça de uma criança da sua idade, mas com a vantagem de observar e se encantar com uma perspectiva de certa forma materializada que o jogo oferece.

Eu olho ao redor e vejo barcos afundados, casa de cachorro, fazendas de trigo, robôs e pirâmides. Uma variação de temas e criações que me mostram a complexidade já formatada em sua cabeça de sete anos.

Na sua casa virtual, descobri dois quartos de hóspedes, com várias camas que, segundo ele, foram feitos para receber a família. De vez em quando eu mesmo vou "descansar" lá. Em especial após colher o trigo na fazenda dele, como havia me comprometido no início das minhas férias.

Nos momentos das visitas eu percebo como essa experiência é diferente das minhas próprias vivências da infância, bem como da infância que eu havia previsto para meus sobrinhos e filhos.

Eu planejei que seria um parceiro de jogo legal, que ajudaria para que a infância deles pudesse ser incrível, de uma forma como a minha não foi, mas não estava preparado para o futuro, que estava acontecendo diante dos meus olhos por anos, sem que eu percebesse.

Como foi bom descobrir que a realidade pode ser muito melhor do que aquela que imaginei sozinho, décadas atrás.

Do mesmo modo que aconteceu com meu grande amigo e seu filho em relação aos quadrinhos, há alguns anos, eu imaginava uma experiência completamente diferente, quando chegasse a hora de interagir com as crianças da minha família, meus sobrinhos, meus afilhados e meus filhos. Achava que repetiria com elas as experiências de vida que tive, até simulei como agiria, para que eles se divertissem mais e aprendessem da melhor forma. O que eu ainda não sabia era que entrar no mundo deles e enxergar a vida pela perspectiva que expressam por meio de um videogame fosse me proporcionar uma experiência inesquecivelmente rica, por dentro de seus sonhos, conhecimentos e fantasias.

Essa vivência pôde me ensinar a adequar a minha linguagem e rever toda minha metodologia para ensiná-los a compreender o papel de cada ser humano no mundo. Ensinou-me a utilizar os recursos que estavam disponíveis o tempo todo, sem que nós tivéssemos notado, para auxiliá-los a desenvolver suas habilidades cognitivas e emocionais.

Ao entrarmos nesse mundo que parece ser totalmente feito de ficção, encontramos a oportunidade de fortalecer importantes pilares socioemocionais das crianças.

Desejo a todos um bom jogo e uma boa viagem pelo mundo imaginário das crianças, da família, mas, mesmo se você estiver sozinho e gostar de um videogame de vez em quando, pode se divertir do mesmo jeito dando asas à sua imaginação.

A empatia é a força
invisível que mantém
a união da sociedade.

#EmpatiaJaimeRibeiro #EspalheEmpatia

8 - Por que pessoas sem religião muitas vezes são mais generosas que aquelas que têm religião?

> *A ciência e a religião não estão em desacordo. É que a ciência ainda é muito jovem para compreender.*
> Dan Brown

Declarar-se religioso não é um atestado de habilitação moral para qualquer ser humano. Embora as duas maiores religiões do planeta, o islamismo e o cristianismo, preguem a prática das virtudes humanas e apontem o amor ao próximo como característica essencial para definir um homem de bem, a adesão a uma religião não é certificado de garantia de religiosidade e espiritualidade de um indivíduo.

O próprio Papa Francisco, atual líder da Igreja Católica, declarou recentemente que seria melhor que um ser humano fosse ateu do que um católico hipócrita. Uma declaração polêmica que confronta de alguma forma uma expressão que está nos escritos de São Cipriano de Cartago, o Bispo do século III, que lançou o axioma "Fora da Igreja não Há Salvação". Essa declaração se tornou mais tarde um dogma da Igreja Católica, das Igrejas Ortodoxas Orientais e até mesmo de algumas denominações protestantes.

Há poucas doutrinas católicas mais controversas e mal-entendidas que a doutrina *Extra Ecclesiam Nulla Salus*, ou seja, Fora da Igreja não Há Salvação.

Esse aforismo é muitas vezes utilizado como abreviação, para a doutrina que diz que a Igreja é necessária para a salvação da alma.

A mensagem do Papa católico encontra convergência com as palavras do brasileiro Francisco Cândido Xavier, outro respeitado religioso, que dizia que acima da condição religiosa da criatura deveria estar a sua condição moral. Tenho visto pessoas que se dizem descrentes, fazendo muito mais pelos semelhantes do que aqueles que rezam o dia inteiro, dizia Chico Xavier.

Sabemos que algumas pesquisas antigas mostram que o engajamento religioso molda os sentimentos de responsabilidade social dos indivíduos, incluindo a caridade e a solidariedade. A dúvida dos cientistas era entender o que motivava a atitude social daqueles que não tinham religião, mas estavam engajados em causas nobres.

Recentemente, fomos surpreendidos com a pesquisa[19] de alguns cientistas da Universidade da Califórnia, apontando que os não religiosos são mais facilmente motivados para fazer a caridade por compaixão, do que aquelas pessoas que se autodenominam religiosas.

A conclusão dessas experiências desafia a suposição de que ser caridoso é apenas a consequência dos sentimentos de compaixão e empatia.

Outro ponto revelado pelas pesquisas diz que enquanto a pessoa não religiosa precisaria de estímulos

---

19 Artigo da revista Journal Social Psychological and Personality Science. Título: "Compassion Predicts Generosity More Among Less Religious Individuals." Laura R. Saslow, Robb Willer, Matthew Feinberg, Paul K. Piff2, Katharine Clark, Dacher Keltner, Sarina R. Saturn. Publicado em 1 de January de 2013.

emocionais para se engajar em um comportamento generoso, os religiosos, provavelmente, fundamentam menos a sua generosidade em estímulos emocionais e mais em fatores como crença doutrinária, identidade comunitária e até mesmo em preocupações com a reputação.

Apesar dessa pesquisa ter surpreendido os estudiosos do mundo científico, não surpreendeu da mesma forma algumas lideranças religiosas mundiais. Há séculos, a prática religiosa sem a religiosidade é questionada. Para muitas doutrinas religiosas, a consequência da adesão a uma religião deve ser a transformação moral do indivíduo que se declara religioso.

A religião constituída, certamente, é um guia poderoso para alcançar a espiritualização. Pode promover a prática da caridade e o exercício da empatia. Todavia, não é o único caminho para despertar a nossa consciência e nos levar à reflexão acerca da necessidade de agir, para que o mundo se torne um lugar melhor, sem fazer qualquer distinção por causa da diferença de crença, etnia, gênero, orientação sexual ou regionalismo.

Em todo o mundo, 84% das pessoas se declaram religiosas. A maioria delas acha que é necessário acreditar em Deus para que uma pessoa seja boa.[20] No Brasil, 80% das pessoas também acreditam nessa premissa. Já nos países da Europa e da América do Norte, a maioria acredita que um indivíduo pode não ter qualquer religião e, ainda assim, ser uma pessoa boa. Apenas os Estados Unidos diferem dos demais países ricos em relação a essa crença. Para 53% dos americanos, acreditar em Deus é essencial para ser uma pessoa moralizada.

Atualmente, tanto os pais quanto as escolas têm se preocupado mais com a formação socioemocional das crianças e adolescentes. Isso acontece, provavelmente, porque os educadores estão confusos e assustados. Estão buscando uma maneira correta e eficaz de lidar com as novas gerações e com a forma que os jovens de hoje enfrentam as questões sociais e morais.

Algumas famílias encontram dificuldades em compreender a melhor dinâmica nas relações entre crianças e adultos. Terceirizam esse papel para a escola, como se esta fosse capaz de preencher as lacunas deixadas pelas novas configurações familiares.

---

20 Pesquisa: "Acreditar em Deus é essencial para a moralidade?" – Pesquisas feitas pela Pew Research Center com 36.854 pessoas em 39 países entre 2011 e 2013. http://www.pewglobal.org/2014/03/13/worldwide-many-see-belief-in-god-as-essential-to-morality/

Os novos formatos de convivência familiar trouxeram o desafio de promover a comunhão na intimidade do lar, em tempos em que esses momentos de contato se tornaram mais raros.

A escola, por sua vez, apela pela presença dos familiares, para encontrar o devido apoio na formação dos seus alunos. Denunciam que eles não encontram mais em casa a parcela essencial para a construção de uma educação plena, lembrando que para que a escola seja a segunda casa os lares precisam ser a primeira escola, como diz o psicólogo Rossandro Klinjey.

Os religiosos, por sua vez, buscam nas suas crenças o conteúdo doutrinário necessário para formar moralmente as crianças e os jovens. Apesar de utilizarem esse recurso com muita boa vontade, buscam transmitir seus valores e crenças aos filhos por meio de repetidos rituais e dogmas, com a expectativa de que essas práticas colaborem no processo de transformá-los em pessoas exemplares.

Infelizmente, se a base da crença religiosa for fundamentada no medo ou no sectarismo, o efeito moral pode não ser o esperado, podendo até fazer com que a criança, influenciada por algumas experiências e exemplos dos adultos, sejam menos gentis e mais punitivas, mesmo que os próprios pais as vejam como crianças bastante empáticas.[21]

Uma pesquisa conjunta, feita por sete universidades, mostrou que algumas crenças religiosas podem, de alguma forma, ter influência negativa no altruísmo das crianças, afetando os julgamentos delas em relação às ações do outro, distorcendo a capacidade de empatia e diminuindo a generosidade.

Certamente, esses resultados não expressam o processo de aprendizado religioso no seu propósito maior, que é apoiar as pessoas na própria reforma íntima, ensinando-as sobre a necessidade de se tornarem pessoas melhores.

A religiosidade e a espiritualidade devem contribuir para que a mudança aconteça primeiramente dentro de cada um, para em seguida, por meio dessa transformação interior, impactar positivamente a sociedade.

---

21 Pesquisa: "The negative association between religiousness and children's altruism across the world." Jean Decety, Jason M. Cowell, Kang Lee, Randa Mahasneh, Susan Malcolm-Smith, Bilge Selcuk, and Xinyue Zhou – realizada por sete univesidades: Universidade de Chicago, Universidade de Toronto, Universidade de Hashemite, Universidade do Qatar, Universidade da Cidade do Cabo, Universidade Koc, Universidade Sun Yat-Sem.

As reflexões dos dois "Franciscos" servem para entendermos que o processo da boa formação religiosa é feita intimamente, no templo da consciência.

A conscientização de enxergar a todos como irmãos e não apenas como um grupo comunitário familiar, pode contribuir para que exercitemos a indispensável prática de nos colocarmos no lugar do outro.

Entender que as diferenças de cada ser humano não os afastam da posição de nossos semelhantes, tão carentes como cada um de nós, de compreensão, cooperação e apoio dos outros é um ponto de ruptura comportamental, que nos habilita a nos transformar em elementos de mudanças estruturais de tudo que está ao nosso redor.

A religiosidade pode ajudar na reflexão da nossa necessidade imperiosa de fazer a caridade de forma desinteressada, seja ela material ou moral, ajudando ao próximo, independentemente de sua crença.

Enquanto a prática religiosa estiver influenciando as pessoas a ocupar um lugar no mundo, que não seja o de passividade diante da necessidade dos outros, podemos considerar que ela ainda é uma aliada de todos os esforços para potencializar a empatia na sociedade e garantir as nossas necessidades sociais futuras, porque sabemos que a empatia é a força invisível que mantém a união da sociedade.

A empatia é uma condição humana. Muito provavelmente, mesmo antes de nos tornarmos homo sapiens, já éramos *homo empathicus.*

#EmpatiaJaimeRibeiro #EspalheEmpatia

9 - O espelho dentro de nós

Ser empático é ver o mundo com os olhos do outro e não ver o nosso mundo refletido nos olhos dele.
Carl Rogers

Em 1994, um grupo de cientistas da Universidade de Parma, na Itália, liderado pelo neurocientista Giacomo Rizzolatti, constatou que a simples observação de ações alheias ativa as mesmas partes do cérebro dos observadores normalmente estimulados durante a ação do próprio indivíduo. Ao que tudo indica, nossa percepção visual inicia uma espécie de simulação ou duplicação interna dos atos de outros. Foi assim, por acidente, que se deu a descoberta das células chamadas neurônios-espelho.

Houve um tempo em que essas células foram apelidadas de "neurônios Dalai-Lama", por referência à importância da compaixão que o líder espiritual tibetano pregava. Cientificamente, foram batizadas de neurônios-espelho, por permitir que se entendam as ações de outras pessoas, por meio de identificações e simulações.

Isso quer dizer que com esses neurônios seria possível detectar quando uma pessoa está agindo, colocar-se no lugar dela e, dessa forma, compreender suas intenções e desejos.

Obviamente, o mau funcionamento dessas células poderia ser a explicação para transtornos relacionados a baixos índices de empatia. Entender melhor esse mecanismo pode ser uma revolução, na forma como atuamos, para construir um mundo mais empático.

Descobri essa novidade ao pesquisar a razão de alguém quando bocejava perto de mim, eu repetia o gesto, mesmo sem estar com sono. Precisava entender qual o "contágio" que ocorria ali, que eu não compreendia, e notava que isso acontecia com outras pessoas da mesma forma. Só em escrever esse texto e imaginar alguém bocejando, já estou com vontade de bocejar.

Os neurônios-espelho são disparados do mesmo modo, seja quando realizamos alguma ação, ou quando observamos outras pessoas realizando essa mesma atividade. Para entender como isso funciona, basta lembrar algum dia em que você presenciou alguém se cortar e sentiu a sensação de arrepio, como se a sua própria carne estivesse sendo cortada.

Agora fica mais fácil entender o que o ato de bocejar quando outra pessoa boceja tem a ver com a educação e a transformação do mundo.

Somos criaturas extremamente influenciáveis. As emoções dos outros podem nos contagiar e nos afetar.

Já sabíamos, pelos estudos psicológicos e pelo conhecimento popular, que devemos nos cercar de pessoas positivas e moralmente idôneas.

Os nossos avós ficariam orgulhosos em saber que os seus conselhos, que também foram passados para os nossos pais, estavam fundamentados cientificamente. Quando nos indicavam que deveríamos escolher boas companhias, para não mudarmos nossos bons hábitos, eles não estavam apenas sendo cuidadosos por superproteção. Hoje, sabemos que a sabedoria popular dos mais velhos estava amparada pela ciência.

Quando uma criança brinca de uma profissão ou imita os pais ou um adulto, não necessariamente ela está demonstrando interesse de vocação, como muitos pais acreditam. Isso ocorre porque temos a tendência natural de imitar o que vemos. Por isso, a adequação dos programas de televisão, canais de *youtube* e videogames são tão importantes para a formação emocional das crianças. A exposição a uma programação violenta, por exemplo, pode aumentar o grau de agressividade no comportamento das crianças.

> **O *cérebro* é um grande simulador de ações que temos dentro de nós, capaz de sentir as emoções dos outros.**

Cada coisa que observamos é ensaiada ou imitada mentalmente. A nossa mente está em constante atividade. Essas descobertas são importantíssimas para a pedagogia e o desenvolvimento das habilidades socioemocionais das crianças. Tudo indica que o ser humano não aprende apenas racionalmente, mas também sentimentalmente.

Como dito, somos naturalmente seres empáticos. A empatia é uma condição humana. Muito provavelmente, mesmo antes de nos tornarmos *homo sapiens*, já éramos *homo empathicus*.

Uma boa forma de encontrar ajuda no desenvolvimento das habilidades das crianças é encontrar uma escola onde existam programas socioemocionais. Quando a escola adota esse tipo de estudo ao seu currículo sinaliza que está preparada, ou se preparando para ajudar no desenvolvimento de competências importantes para os alunos, como empatia, honestidade e generosidade.

Entender como as pessoas podem compreender e interpretar as emoções do outro, simulando a perspectiva do mundo de quem está por perto, é um poderoso recurso capaz de criar indivíduos capacitados, que assumirão o papel de protagonistas na criação de uma sociedade melhor.

A leitura é capaz de transformar o coração humano e amadurecer as nossas habilidades emocionais.

#EmpatiaJaimeRibeiro #EspalheEmpatia

10 - A leitura como prática da empatia

Um leitor vive mil vidas antes de morrer, o homem que nunca lê vive apenas uma.
George R. R. Martin

Após ter lido o livro O *Sobrinho do Mago*, um clássico do escritor inglês C.S. Lewis, quando tinha onze anos de idade, posso dizer que me transformei no que hoje se chama de nerd. Andava com um livro embaixo do braço sempre que ia para qualquer lugar. Eu falava de Digory e Polly, protagonistas daquele fabuloso livro, como se fossem amigos reais, que viajaram para outra terra. O que era suficiente para os outros meninos me acharem um menino estranho.

Até hoje, consigo lembrar muito bem de quando eu dormia tarde da noite, escondido da minha mãe, para ler o livro *Tonico e Carniça*, de José Resende Filho, que faz parte de uma coleção infantojuvenil, muito popular nos anos oitenta. Adorava acompanhar as aventuras e fantasias daqueles dois adolescentes, recém-saídos da infância, que enfrentavam a dura realidade de trabalhar para sustentar a própria família.

A história de Carniça me sensibilizou especialmente. Por se tratar de um menino que vivia em situação de rua e que trabalhava desde os seis anos de idade, ele precisava se provar o tempo todo, para uma sociedade que impunha todo tipo de violência contra as crianças que viviam naquela realidade.

Infelizmente, mais de trinta anos após a história de Resende ter sido escrita, essa continua sendo a realidade de muitas crianças brasileiras. Milhares de menores de idade ainda vivem o desafio de se equilibrar sobre o fio tênue que separa a infância despreocupada da maturidade cheia de responsabilidades e dúvidas.

Quando cheguei ao final angustiante do último livro da série, comecei a chorar. O choro não era alto, mas foi o suficiente para chamar atenção da minha mãe, que estava no quarto ao lado. Ela veio depressa saber por que eu estava triste. Chegando à minha cama, ela viu o livro na minha mão, fez um carinho na minha cabeça e me disse: – Está tudo bem! O Carniça é forte e já sobreviveu a muitos golpes nas ruas. Ele também vai escapar dessa, filho.

Que bom que ela não disse algo como: "Pare de chorar." "Deixe de ser bobo." "É apenas um livro." Ou ainda pior: "Menino não chora! Pare com isso!"

Minha mãe é uma educadora experiente. Apenas mais tarde, já adulto, compreendi que ela sabia que eu estava vivenciando emoções importantes.

Percebi que ela entendia que o fato de eu me emocionar tanto com uma história, não importando se era ficção ou na vida real, era um indicador de que eu estava me tornando uma criança empática.

Um dia, quando já era adolescente, participei de uma roda literária na escola, que tinha por tema contar uma história engraçada da infância. Quando chegou a minha vez, contei que chorei lendo um livro quando tinha dez anos de idade. Narrei a história fazendo caras e bocas, zombando da criança que eu fui um dia.

O professor que estava mediando a discussão olhou nos meus olhos e falou de forma firme, mas amorosa: – Essa história não é nada engraçada ou boba, você foi apenas um ser humano legítimo. Todos nós deveríamos sentir a dor dos outros.

A leitura é capaz de transformar o coração humano e amadurecer as nossas habilidades emocionais.

Os livros têm o poder de levar as crianças a experimentar diversas realidades, em uma velocidade que não alcançariam em tão pouco tempo de vida.

Ao se engajar em histórias de outras pessoas, as crianças podem desenvolver a empatia e aprender a conviver melhor em sociedade.

Quando vivenciamos a vida de outras pessoas, por meio da leitura, podemos nos imaginar em sua posição. Isso nos permite compreendê-las melhor e cooperar com elas de uma forma mais efetiva.

O livro *The Moral Laboratory*[22] escrito pelo pesquisador holandês Jemeljan Hakemulder, ainda inédito no Brasil, descreve vários resultados de experimentos que ligam a leitura à melhoria das habilidades sociais nas crianças e adolescentes.

Eu tive a oportunidade de aprender essa lição na prática, quando uma professora e amiga do Rio de Janeiro me procurou para conversar sobre um

---

22 *The moral laboratory*: experiments examining the effects of reading literature on social perception and moral self-concept (Utrecht Publications in General and Comparative Literature). Jemeljan Hakemulder. Editora Johns Benjamin, 2000.

problema de *bullying* que estava acontecendo em sua escola, uma conceituada instituição onde estudavam crianças da classe média alta carioca.

Os alunos da escola descobriram que um dos colegas do sexto ano era um menino que já tinha vivido em situação de rua e fora posteriormente adotado. A informação foi suficiente para espalhar diversas histórias para os corredores e para as redes sociais dos alunos da escola, promovendo preconceitos de toda ordem contra a criança. Um desses boatos de mau gosto dizia que todos deveriam levar suas bolsas para o pátio na hora do recreio, para que o garoto não furtasse os pertences dos colegas.

A professora já tinha usado todas as técnicas que aprendera ao longo de sua vivência pedagógica, incluindo duras lições sobre preconceito e diversidade, tentando sensibilizar a sala e mudar o cenário, mas nada pareceu funcionar.

Ela estava preocupada porque o garoto adoecera, no dia anterior à nossa conversa. Rafael[23] ficaria afastado por duas semanas, quem sabe até nem voltaria mais para a mesma escola, por conta do *bullying*.

---

23 Nome fictício usado para proteger a identidade a criança.

Naquele momento, eu tive uma inspiração: lembrei-me da leitura emocionante da minha infância. Aquele livro que tinha mudado minha perspectiva sobre esse assunto, quando eu ainda estava com pouco mais de dez anos de idade, também poderia funcionar para sensibilizar aquelas crianças.

– Eu tenho um conselho, mas você tem um pouco mais que uma semana para executá-lo – falei entusiasmado para a professora.

– Passe a leitura do livro *Tonico e Carniça* para toda a turma e marque um bate-papo com os alunos, para que compartilhem suas impressões sobre a história. É muito importante que na atividade vocês não se esqueçam de usar a técnica de inversão de papéis, estimulando as crianças a se sentirem no lugar das personagens do livro. É essencial que vocês façam tudo antes de Rafael retornar – completei.

No mesmo dia a minha amiga ligou para a editora, comprou os livros e mandou entregar para todas as crianças da turma de Rafael.

Duas semanas depois ela me ligou, dizendo que tivera uma das experiências mais emocionantes de sua vida enquanto educadora. Em seguida, convidou-me para visitar a escola e verificar, com os meus próprios olhos, o que tinha acontecido.

Passados alguns dias, fui à escola dela. Deparei-me com várias crianças colando bilhetes coloridos em um mural que ficava no final do corredor, em uma área comum onde as crianças se reuniam na hora do recreio. Era quase uma centena de bilhetes, nos quais os alunos elogiavam algum colega por alguma coisa especial que tinha sido feita ao longo das últimas semanas. Um painel de reconhecimento e afeto.

Imediatamente, aquilo tudo me pareceu encantador. Eu queria ler todos os bilhetes e não sabia nem por qual começar. No momento que eu tentava me concentrar, algo me saltou aos olhos. Percebi que quase um terço dos bilhetes do mural colorido era endereçado para uma criança chamada Rafael. Não me passou pela cabeça de imediato, que se tratava do mesmo garoto, de quem tínhamos falado semanas antes.

Eram bilhetes de boas-vindas e tantos outros contando coisas boas que Rafael tinha feito ao longo do ano, para os seus colegas de turma.

Vendo-me paralisado diante daquele painel de amor, a minha amiga sorriu de longe e disse: – Eu não preciso lhe falar mais nada, né? Só quero lhe dizer muito obrigada!

Eu apenas sorri de volta para ela e disse que não estava entendendo muito bem o que estava acontecendo ali.

– Deixe que eu lhe conto tudo em detalhes – falou a professora toda animada.

Contou-me que após a reunião de comentários sobre a leitura do livro indicado, muitas crianças se emocionaram. Choraram quando fizeram a atividade de inverter papéis com as crianças em situação de rua, sentindo os dramas sofridos por elas, para garantir a sobrevivência.

Logo após a resenha do livro, uma menina fez um bilhete para Rafael agradecendo-o, porque no dia que faltara à aula, o colega tinha guardado para ela o brinde que foi dado para cada aluno presente na sala.

Assistindo àquela homenagem, um menino lembrou-se do dia em que caiu, quando estava jogando futebol. Foi Rafael quem deu a mão para que ele se levantasse, enquanto todos os outros garotos riam da sua queda.

Em seguida, todas as crianças se estimularam a fazer o mesmo e escreveram bilhetes para Rafael. Transformaram aquele mural em um grande memorial de homenagens ao amigo que estava afastado temporariamente das aulas.

No dia em que Rafael voltou para a escola, cabisbaixo, sem saber qual seria a nova agressão moral que sofreria, surpreendeu-se quando se deparou com o painel colorido, todo preenchido com bilhetes legais endereçados ao seu nome.

Na sala de aula, as crianças da turma esperavam animadas pelo seu retorno. Demonstraram isso com calorosos abraços, assim que ele passou pela porta.

Após o exercício da leitura, as crianças do sexto ano passaram a ser intolerantes ao *bullying*, ajudando a escola a cultivar a empatia como referência comportamental entre os alunos.

Apenas um livro nas mãos das crianças de uma escola foi capaz de trazer nova possibilidade de convivência e uma prática educacional transformadora.

Eu sei que não é tão simples como parece a tarefa de colocar as crianças de hoje para ler e com isso, formar, como que por mágica, crianças bem-sucedidas e empáticas.

Muito pelo contrário, no mundo digital de hoje, em que todas as crianças estão cheias de atividades, isso parece se tornar uma tarefa bem difícil para os pais e educadores.

Em um país como o Brasil onde 44% da população não lê e 30% nunca comprou um livro[24],

---

24 Pesquisa: "Dados da edição de 2015 da pesquisa Retratos da Leitura no Brasil", encomendada pela Fundação Pró-Livro e pelo Ibope Inteligência.

torna-se ainda mais desafiador fazer com que os livros cheguem às mãos das crianças. Ainda mais porque elas preferem fazer outras coisas como assistir a programas e vídeos no *youtube*; usar redes sociais e conversar por meio de aplicativos de mensagens.

As formas de entretenimento estão mudando para as novas gerações. A tendência é que quanto mais as opções de ocupações digitais forem surgindo, mais o interesse pela leitura de livros tradicionais irá diminuir.

Cabe a nós, leitores e embaixadores da transformação do mundo pela empatia, liderarmos os movimentos para manter, ou até mesmo incrementar a leitura, como parte integrante da rotina das crianças. Ainda que saibamos que existe concorrência das opções digitais e das múltiplas ocupações que nós mesmos adultos inventamos para as crianças, precisamos motivá-las a ler.

Os pais de hoje ainda têm uma grande dúvida sobre esse assunto: o que podemos fazer para motivar nossos filhos a ler mais?

Eu vou listar aqui algumas dicas que os pesquisadores apontam como eficazes para resolver essa questão.

A primeira é muito óbvia: você tem que ser um leitor. Sempre bom relembrar que as crianças imitam os exemplos dos pais. Filhos de amantes de livros têm mais chances de tornarem-se leitores vorazes.

Deixe sempre livros disponíveis pela casa. Isso aumentará a chance de suas crianças se tornarem leitoras.

Se você tem o hábito de ler para as crianças em voz alta, por favor, continue. Estudos apontam que é geralmente aos oito anos que as crianças param de ler por prazer, coincidentemente é a idade em que geralmente as pessoas param de ler para seus filhos.[25]

Vale a pena rever como está o cronograma de atividades dos seus filhos. As crianças se queixam que o excesso de atividades impede que elas tenham tempo de se dedicar à leitura.

__Outra sugestão que os pesquisadores indicam como eficaz é a criação de momentos__ off-line __para toda a família.__

Eu tenho certeza que ninguém vai ficar passando mal por ficar desconectado por uma hora dentro

---

25 Pesquisa da editora Scholastic feita nos EUA com pais e crianças sobre leitura e diversão. http://www.scholastic.com/readingreport/

de casa, para realizar uma atividade em conjunto, não é mesmo?

Essa prática é importante e urgente. Poucas pessoas já pensaram a respeito, mas as grandes empresas de tecnologia tem o negócio delas sustentados e rentabilizados pelo tempo que passamos conectados. O objetivo dessas corporações é saber o máximo sobre nós e usar de todas as ferramentas e técnicas para nos manter *on-line*. O nosso papel é mantermos o controle do nosso tempo e da capacidade de priorização. Essa é a razão que executivos competentes não usam celular em reuniões.

Uma das habilidades emocionais que grandes líderes precisam ter é a capacidade de manter o foco.

Isso ajuda a tomar decisões e também a apoiar a leitura, que é um instrumento de atualização e insumo para essa atividade. Por isso, manter os momentos *off-line* vai proporcionar um ambiente favorável para atividades como a leitura em família.

Eu sei que após ler essa última sugestão alguém deve ter pensado: "Meus filhos leem muito, mas eles fazem isso nos equipamentos digitais. As crianças estão cada dia mais conectadas."

Isso é uma realidade. O número de perfis infantis nas redes sociais vem evoluindo rapidamente a cada ano, em especial no uso de aplicativos de mensagens como *whatsapp*, *facebook*, *messenger* e seus correlativos orientais como *line* e *wechat*.

Pela primeira vez na história, crianças e adolescentes americanos de 05 a 15 anos de idade declararam que gastam mais tempo conectados à internet do que assistindo à televisão.[26]

Dessa forma, não seria um exagero dizer que as crianças dedicam bastante tempo sendo escritores e visualizadores de mensagens, enquanto o nosso desejo seria que se tornassem leitores e estudiosos.

Mas calma! Isso não é tão ruim como parece. Existem riscos e oportunidades envolvidos nessa mudança comportamental. Os grupos de *chat* têm sido usados largamente para ajudar na organização de trabalhos escolares em grupo, contudo, também carecem de atenção para que as brincadeiras não encontrem terreno fértil para o *bullying*.

---

26 Pesquisa da editora Scholastic feita nos EUA com pais e crianças sobre leitura e diversão. http://www.scholastic.com/readingreport/

Não há retorno para o avanço tecnológico. O nosso papel agora é orientar o uso e monitorar as atividades dos nossos filhos.

Infelizmente, as pesquisas indicam que os equipamentos e suas telas coloridas ou em preto e branco não melhoram a habilidade de leitura das crianças, muito pelo contrário. A experiência que entregam ao usuário até então não é capaz de superar o vínculo que os livros tradicionais criam nas crianças, fazendo com que se apaixonem pela leitura.

Esse é um estímulo para continuarmos utilizando os livros infantojuvenis na ambientação das nossas casas e escolas, bem como de continuar lendo para as crianças. Apenas se envolvendo junto com elas em histórias e ilustrações divertidas, que serão essenciais ao desenvolvimento das suas habilidades para alcançar uma vida de sucesso e felicidade no futuro, conseguiremos avançar no nosso papel de motivadores.

A leitura é capaz de mudar a nossa compreensão do mundo.

No caso da escola do Rio de Janeiro, que tratou um caso de *bullying* com uma leitura coletiva e, após a atitude de apenas uma criança, transformou a amplitude empática de uma turma inteira.

A empatia é assim. Apenas um gesto empático tem o poder de mudar tudo ao nosso redor.

Um olhar na perspectiva do outro pode transformar a grandeza da forma como olhamos todo o mundo.

Somente com mais amplitude empática é que seremos capazes de nos fazer mais próximos um do outro.

Ser empático é aprender que a grandeza criada pela leitura dos sentimentos dos outros nos aproxima de nós mesmos e pode diminuir a distância entre as pessoas.

A leitura é uma grande aliada que nos proporciona a possibilidade de viver infinitamente esse exercício transformador.

Ser empático nas nossas relações significa se comprometer em enxergar as dificuldades e limitações do outro.

#EmpatiaJaimeRibeiro #EspalheEmpatia

11 - Dependência emocional e empatia

Não deixe mais que o seu coração seja um terreno baldio para o lixo afetivo ou a miséria moral dos outros.
Rossandro Klinjey

As relações amorosas deveriam nos proporcionar momentos de alegria e equilíbrio, não deteriorar as nossas energias.

O preço de se manter um amor e uma relação jamais pode ser o da própria felicidade e dignidade.

Isso acontece quando o sentimento se torna um vício, trazendo junto para a vida toda a carga negativa de qualquer outra adição.

*A dependência emocional talvez seja o
pior dos vícios.*

Precisa ser estudada e entendida para evitar os seus efeitos desastrosos na criatura humana desavisada e ingênua.

Parece ironia, mas quem diria que um dia estaríamos mais preocupados com o excesso de afeto do que com a ausência de amor?

Uma relação dependente pode significar a própria despersonalização da pessoa que ama.

Pode desdobrar-se num processo penoso, em que o autorrespeito e a essência são oferecidos ao outro na forma de um presente irracional, para manter os supostos prazeres que aquela relação problemática pode oferecer.

*A tentativa de legitimar o esforço na
manutenção do equilíbrio emocional da
relação pode ser confundida com empatia,
mas isso é um engano.*

Algumas pessoas, no desespero para manter a relação, são capazes de abrir mão da própria essência, mudando significativamente a rotina e simulando comportamentos que são completamente antagônicos com seus valores e princípios, um autossacrifício mantido com muito sofrimento, apenas para sustentar uma convivência harmônica artificial e evitar conflitos constantes na relação.

Tornam-se vítimas de um tipo de corrupção emocional, que ocorre quando um dos parceiros problematiza a dinâmica da relação, com o objetivo de que o outro se desdobre em bajulações, ou até mesmo em presentes materiais, deixando como subproduto a melancolia e a tristeza do ser que alegam amar.

Desde que comecei a fazer trabalho voluntário de prevenção ao suicídio, tenho ouvido histórias assustadoras em que as pessoas são levadas ao limite da insanidade mental, por se manter aprisionadas às circunstâncias amorosas doentias.

Uma das mais interessantes delas, mas não incomum, é a história de Luiz, um rapaz de trinta e oito anos que estava noivo de uma mulher que quase nunca o tocava. As lembranças de gestos de carinho dela eram muito raras. Contou que quando ele a abraçava, não sentia seus braços, quando a beijava não sentia sua boca e quando pouco conversavam, sentia-se em um monólogo constante. Ela nunca parecia estar interessada nas coisas que ele falava ou noticiava. Isso o levava a sentir solidão profunda, mesmo estando acompanhado por uma parceira bela e inteligente.

Sentia-se ligado àquela mulher que tanto amava. Contudo, tinha a sensação, observando a apatia dela, que sua noiva iria embora a qualquer momento. A ideia de que ela o abandonaria sem explicações o atormentava todos os dias.

Já não podendo negar mais que estava com um problema na relação e desesperado para não perder a companhia da pessoa que tinha escolhido para se casar, Luiz começou a procurar sistematicamente situações nas quais a noiva se motivaria a retribuir a atenção e o carinho dedicados a ela.

Iniciou levando pequenos presentes toda vez que ia encontrá-la. As reações iniciais eram boas, mas não duravam mais que instantes de alegria. Logo em seguida, incrementou a ação de forma significativa: comprava flores semanalmente e deixava bilhetes escondidos na bolsa, para surpreendê-la quando estivesse no trabalho. Às vezes, recebia uma ligação de agradecimento que o deixava muito feliz, outras vezes acreditava que ela estava muito ocupada e se esquecia de agradecer o carinho dele.

Luiz continuou sem economizar esforços e dinheiro para que a noiva se sentisse amada e feliz. Fazia por ela todas as coisas que qualquer mulher se impressionaria se estivesse lendo sua própria história em um romance. Contudo, a sua companheira respondia apenas com migalhas de reações amorosas, que duravam poucos instantes. Algumas vezes reagia com um leve sorriso, seguido por manifestações intensas de amor que alternavam entre palavras doces e apatia após algumas poucas horas.

Certo dia, percebeu que a indiferença não vinha mais sozinha no contato entre eles. Ele passou, então, a conviver com um processo de críticas sistemáticas, em que sentia que não havia nada que ele fizesse que não fosse objeto de crítica e desprezo dela.

Luiz nunca tinha passado por situações semelhantes na vida. Sentia-se angustiado, entretanto aquilo igualmente o desafiava. Passou a procurar formas de mostrar para ela que tinha valor, mesmo que por algum motivo ele não fosse percebido pela noiva. Precisava provar que era amado pelos amigos, respeitado no trabalho e referência de equilíbrio em sua família.

O rapaz buscava desesperadamente mostrar seu valor e mendigar o afeto de sua noiva.

No caminho dessa aventura impossível de seguir sozinho, perdeu o contato consigo mesmo e com o significado que tinha para todos que lhe eram caros. Não demorou muito para se afastar de amigos e família. Ela sempre criava obstáculos para o convívio com o seu círculo afetivo. Toda vez que esse contato era inevitável, ele precisava se dedicar depois, para explicar aos outros os motivos da apatia de sua companheira, o que ocasionava novos desgastes nas suas relações.

Todo esse esforço emocional era para manter ao seu lado uma pessoa, que apenas pontualmente, lhe dava instantes de afeto e que pouco se empenhava em cumprir o próprio papel na construção de uma relação próspera e saudável.

No dia em que nos encontramos, contou-me que queria resolver seu problema, não suportava mais conviver com aquelas feridas que foram abertas dentro dele. Disse que se submetia àquelas situações todas porque a amava. Todavia, estava buscando ajuda porque não suportava mais sofrer tanto por amor. Precisava sair daquela relação e voltar a sorrir.

Os sintomas de Luiz eram os mesmos que eu já tinha testemunhado em um farmacodependente.

Eu sabia que a única saída para esses casos é quando a pessoa se convence a sacrificar o prazer imediato pela gratificação de longo prazo.

Para sair dessa situação é preciso superar o medo, levantar a autoestima e buscar de volta o autorrespeito.

Luiz acreditava que sentia empatia por ela. Entendia tudo que ela fazia, porque acreditava que era fruto de timidez e imaturidade. Sentia que no fundo ela era dotada de um bom coração. Tinha a esperança de que em breve ela perceberia que estava estragando a relação e se tornaria uma pessoa melhor.

A "empatia" de Luiz o fez acreditar que mudaria o comportamento da noiva, que a faria ser uma pessoa dócil e interessada na relação.

Ele demorou demais para entender que a sua submissão e compreensão às violências que sofria era uma automutilação psicológica.

Não percebia que o seu amor-próprio era entregue junto com cada presente e sacrifício feito para comprar um sorriso ou carinho da sua parceira, para logo em seguida cair no esquecimento ou na lixeira emocional dela.

Diferentemente do exemplo da relação entre Luiz e sua ex-noiva, a empatia nas relações afetivas é vivida quando nos empenhamos para exercer uma parceria mais saudável. Somente conseguimos isso sendo mais gentis e compreensivos, respeitando os nossos limites e os do outro. Devido à nossa condição humana, ainda falha, temos nossos desafios íntimos, vivências e experiências que influenciam e inspiram nosso comportamento cotidiano.

Ser empático nas nossas relações significa se comprometer em enxergar as dificuldades e limitações do outro.

Esse entendimento faz com que se possa respeitar a individualidade e a particularidade de cada um. As duas partes envolvidas precisam se empenhar conjuntamente para que a relação se torne uma fonte de prazer e realização pessoal.

*Não há plenitude nas relações humanas
sem esforço mútuo.*

Devemos olhar o outro como desejaríamos que o outro nos olhasse, para que nossas ações sejam reflexos provenientes dessa compreensão. Esse pensamento já tem mais de dois mil anos, mas é a frase mais curta já escrita para explicar o que é empatia.

Aconselhei Luiz a procurar um psicólogo. Indiquei um amigo, conhecido psicólogo da cidade de Campina Grande, na Paraíba, para ajudá-lo.

Alguns anos depois, nós nos encontramos em um evento e ele me disse que estava feliz, que a terapia o ajudara muito e que agora se dedicava ao estudo da psicologia para ajudar as pessoas que são vítimas da dependência emocional.

Pensei: agora Luiz entendeu o que significa empatia.

O problema não é quando nós escolhemos consciente ou inconscientemente para onde focamos a nossa empatia, mas sim quando nunca a sentimos por estarmos muito ocupados "governando" o mundo que parece girar ao nosso redor.

#EmpatiaJaimeRibeiro #EspalheEmpatia

12 - Dois pesos e uma medida

Eu sinto sua dor.
Bill Clinton – candidato à Presidência dos
Estados Unidos em 1992

Na noite de sexta-feira, treze de novembro de dois mil e quinze, o mundo parou para se solidarizar com Paris.

A cidade foi vítima de uma série de ataques terroristas coordenados, com explosões e tiroteios em cinco locais diferentes, que ocasionaram a morte de cento e trinta pessoas. Apenas na boate *Bataclan*, onde estava ocorrendo o show da banda americana *Eagles of Death Metal*, cerca de uma centena de pessoas foi mantida refém por mais de duas horas e oitenta e nove pessoas morreram.

O *facebook* colocou *on-line* o seu botão de *Safety Check*, para que as pessoas pudessem sinalizar que estavam bem para quem estava longe. Naquele mesmo dia, a maior rede social do mundo também ativou uma campanha, na qual seus mais de um bilhão de usuários podiam modificar suas fotos de perfil da página por uma configuração temática com as cores da bandeira francesa, em solidariedade às vítimas dos atentados e seus familiares.

Ainda naquela noite, autoridades de todo o mundo se pronunciaram em solidariedade ao povo francês e à sua dor. Certamente, se você está nas redes sociais, deve ter sido impactado por isso e recebido o convite para que transformasse a sua página num memorial às vítimas e, se não o fez, assistiu a vários amigos aderindo ao convite do *facebook*.

Esse tipo de iniciativa é empática e agregadora. Coloca as empresas em um cenário de engajamento e mobilização jamais visto até então na História.

Do outro lado do mundo, poucas horas antes dos ataques em Paris, Beirute vivia um dia dramático, que quase passou invisível para a massa mundial. Em Burj Al-Barajneh, região suburbana da cidade, um ataque terrorista deixou quarenta e três mortos e cerca de duzentos feridos.

Por que não criaram um botão de confirmação de status de segurança nas redes sociais para aqueles cidadãos também? Por que as autoridades mundiais não vieram a público se solidarizar com aquela noite terrível para os libaneses? Naquela semana, esse foi o principal tema de discussão nas redes sociais do Oriente Médio.

A pergunta que devemos fazer a nós mesmos é: será que nossa empatia e solidariedade são seletivas?

O Brasil também viveu dias trágicos na semana anterior aos ataques em Beirute e Paris. No dia 05 de novembro de 2015, na cidade de Mariana, em Minas Gerais, aconteceu a maior tragédia ambiental brasileira de todos os tempos. Dezenove pessoas morreram e mais de trezentas famílias ficaram desabrigadas. Os estragos ambientais de Mariana levarão aproximadamente vinte anos para serem revertidos.

Nas redes sociais, quando muitos brasileiros viram seus amigos e conhecidos mudando as fotos de perfis em solidariedade a Paris, uma calorosa polêmica se iniciou. A maioria delas não tirava a legitimidade da dor francesa, mas buscava uma razão para entender por que as pessoas pareciam mais impactadas com a dor dos franceses do que com a desgraça de Mariana, que estava tão perto?

Diferentemente dos Libaneses que questionavam a repercussão externa de sua dor, os brasileiros debatiam se a dor dos mais próximos, vítimas de uma tragédia, não estaria na prioridade das preocupações da solidariedade brasileira.

Ao contrário do que se pode pensar a respeito dessas discussões, elas podem ser um bom contraponto para se refletir acerca das armadilhas que a familiaridade e a influência da mídia podem exercer sobre nosso pensamento e comportamento.

O problema não é quando nós escolhemos consciente ou inconscientemente para onde focamos a nossa empatia, mas sim quando nunca a sentimos por estarmos muito ocupados "governando" o mundo que parece girar ao nosso redor.

A forma como reagimos às catástrofes e tragédias tem alguns elementos variáveis que já foram apontados por alguns pesquisadores. De acordo com Mardi Horowitz, professor de psiquiatria da Universidade da Califórnia, San Francisco, muitas pessoas experimentam nível elevado de sofrimento quando veem outros seres humanos agindo feito predadores. Isso pode afetar a forma como as pessoas se conectam e se solidarizam com uma tragédia.

Outro estudo feito pelo cientista William C. Adams, professor de Política e Administração Pública na Universidade George Washington, para entender como a imprensa americana prioriza assuntos relacionados ao resto do mundo, descobriu que, além do número de mortos, dois fatores foram os mais importantes para definir o tamanho da cobertura da mídia nos desastres internacionais: a proximidade geográfica do evento com os Estados Unidos e o número de turistas americanos presentes no país no momento do desastre.

Apesar de o estudo ter sido feito em outro país, acredito que o comportamento social se repete de certa forma em toda a cultura ocidental e pode ser replicado para a nossa sociedade.

Mesmo para aqueles que nunca foram à Europa, quando pensamos em Paris, lembramo-nos de sua exposição em filmes, do romantismo e da mágica cinematográfica que marcou a cidade ao longo dos anos.

Isso trouxe uma sensação de familiaridade que pode ter potencializado a empatia pela tragédia da cidade, levando a sociedade a se comportar como se estivesse fazendo julgamento de valor entre uma vida e outra.

As pessoas tendem a se sentir mais empáticas quando se veem mais facilmente no lugar das vítimas.

Alguns pesquisadores chamam isso de "lacuna da empatia" e acreditam que essa preferência, que ocorre quando nos solidarizamos mais com aqueles que nos são familiares, é um problema que pode afetar a justiça social.

Eu chamo esse período de "infância da empatia". Defender esse comportamento é um importante passo para que consigamos nos colocar no lugar do outro e possamos, dessa forma, agir de maneira responsável para o coletivo, impactando individualmente no funcionamento social ético e justo.

O exercício maior é se compreender como igual ao outro. Independentemente das diferenças e familiaridade, temos a obrigação de agir percebendo e levando em consideração a perspectiva do nosso próximo.

Apesar de ser influenciada pela simpatia, a empatia é neutra. A sua essência é praticada somente quando o autoconhecimento se transforma em ação espontânea para entender e sentir o outro.

A força das boas atitudes tem o poder de atrair novas ações, criando um ciclo do bem. A cada ação boa, novo ciclo de virtudes se espalha pelo mundo.

#EmpatiaJaimeRibeiro #EspalheEmpatia

13 - Empatia na sociedade

*A diferença essencial entre a emoção
e a razão é que a emoção leva à ação,
enquanto a razão leva a conclusões.*
Donald Calne

Eu estava estudando em Chicago, exatamente na *Michigan Avenue* em frente ao mais famoso monumento daquela cidade, *The Bean*, que fica a poucos metros do *The Loop*. Naquela região central da cidade, se pode constatar a cadência de um sistema de transportes absolutamente funcional, que à primeira vista pode desafiar o entendimento do visitante que tentar equacionar como diversas linhas de metrôs suspensos se integram com um fluxo intenso de carros e pessoas, que circulam naquela região.

Eu observava abismado aquela limpeza das ruas de uma área onde, a cada minuto, circulava uma multidão. Ao olhar as pessoas andando aceleradamente de um lado para o outro, já me preparava para nova experiência de convivências humanas mais frias e práticas, como as que eu enfrentei nas minhas passagens por Nova York.

Na segunda semana de imersão na cidade, fui convidado por um amigo para visitar o *Art Institute of Chicago,* um dos mais antigos museus dos Estados Unidos, onde acontecia a exposição do trabalho magnífico da artista brasileira Tarsila do Amaral. Na saída do museu fomos tomar um café e ele iniciou uma série de perguntas sobre o Brasil. Queria saber mais sobre nossa arte, nossa época de colonização e, como não poderia deixar de ser, acerca de nossos mais recentes escândalos políticos. Aproveitei o tema da conversa para matar minha curiosidade. Perguntei como era possível a uma cidade daquele porte, com um sistema de transportes, que aparenta ser confuso, no meio de um intenso fluxo de carros e pessoas, funcionar tão organizadamente mesmo sofrendo com um inverno tão rigoroso.

Meu interlocutor sorriu e respondeu: – Aqui a maioria das pessoas já aprendeu que cada um precisa fazer a própria parte para que o conjunto funcione adequadamente.

Pensamos em executar nossas tarefas do dia a dia da melhor forma, mas faz parte da nossa rotina nos ocupar em fazer as coisas se tornarem mais fáceis para cada cidadão.

Naquele momento, percebi que a população de Chicago tinha aprendido a importância da empatia para que todos se beneficiem do conjunto das ações de cada um.

Semanas depois, fui almoçar com um amigo japonês que conheci no meu curso. No retorno ao nosso prédio, encontramos uma mulher carregando uma bandeja com quatro copos enormes de café e uma sacola de comida na outra mão. Fizemos o que qualquer cavalheiro faria, seja no Brasil ou no Japão. Rodamos a porta para ela e em seguida eu me ofereci para levar a sua bandeja que já estava quase caindo de suas mãos. Ela agradeceu a gentileza e caminhou conosco até a entrada de nossa escola.

Ao chegar à sala de aula o meu amigo japonês me chamou em reservado e perguntou: – Como você consegue ser tão gentil com as pessoas? Eu gostaria de ser assim, mas não consigo. Você é um verdadeiro cavalheiro.

Eu sorri e respondi que era o jeito brasileiro de ser. Não satisfeito com a resposta, ele continuou: – Isso não é o que assisto na televisão. Vejo coisas absurdas que vocês fazem uns com os outros no Brasil, que seriam inaceitáveis no meu país.

Imediatamente, fiquei pensativo e sem reação. Como conseguiria explicar que somos o povo mais alegre do mundo, suportamos pacificamente as mais intoleráveis injustiças sociais, mas ainda exercitamos pouco a gentileza nas ruas? Como explicar para ele o que é o "jeitinho brasileiro", o maior ofensor que uma sociedade poderia ter para colher os frutos da empatia entre seus cidadãos? Imbuído do sentimento de defesa, que todo brasileiro tem quando está no exterior, devolvi a pergunta para ele, indagando como no Japão não era normal as pessoas oferecerem ajuda a algum desconhecido com dificuldade?

– Deixe-me tentar explicar. É exatamente por isso que estou surpreso. Lá, nós fazemos de tudo para não incomodar o outro. Fazemos a vida social ser mais fácil para todo mundo, procuramos respeitar o direito de todos, mas se a pessoa não nos der permissão, não nos metemos na vida de ninguém. Por isso, estou tão surpreso e quero levar isso que você faz para o meu dia a dia. Não vou mais hesitar em ajudar alguém ou ser cordial apenas porque a pessoa pode me interpretar mal, concluiu meu amigo, com olhar de motivação e bondade.

Fiquei em silêncio, surpreso com a resposta dele. Não sabia mais o que responder. Refleti acerca do que ele falara e respondi sem pensar exatamente o que iria dizer: – O que as outras pessoas pensam sobre nossos gestos de gentileza é um problema delas, o importante é que continuemos sendo gentis e educados com as pessoas.

As maiores lições que aprendi em Chicago não vieram das aulas que tive na escola. Foi resultado do que as pessoas me ensinaram durante a minha convivência com as diferentes culturas.

Cada um deve fazer a sua parte para que o coletivo funcione harmonicamente.

Isso se aplica a uma cidade, local de trabalho, instituição religiosa, escola e até mesmo ao nosso reduto familiar.

A empatia não se resume à capacidade de enxergar o sofrimento ou dificuldade do outro, isso se chama compaixão.

Quando somos capazes de agir, não apenas nos colocando no lugar dos outros no presente, mas também assumindo que somos responsáveis para que o próximo receba o melhor no futuro, estamos sendo empáticos.

Fazer a nossa parte para que a cidade funcione organicamente garante várias experiências boas e elimina parte considerável do estresse da vida em sociedade. Todavia, isso não garante o bem-estar do ser humano que, em sua natureza, necessita dos elementos socioemocionais para ser feliz.

É muito importante obedecer às filas, ser pontual, cumprimentar as pessoas em locais públicos e cumprir as normas sociais com disciplina. Entretanto, se esquecermos de olhar nos olhos do próximo, se quando estivermos num transporte público lotado não oferecermos o nosso assento para uma pessoa mais velha, ou simplesmente nos esquecermos de sorrir para as pessoas que nos serviram de alguma forma, ainda estamos fazendo pouco pela sociedade.

Há alguns anos, recebi um e-mail com uma história de um autor anônimo, que me chamou muito atenção. Por ser uma lição de como funciona o modelo mental da empatia em sociedade, decidi reproduzi-la aqui para reflexão:

A primeira vez que fui para a Suécia, em 1990, um dos meus colegas suecos me apanhava no hotel todas as manhãs. Já era setembro, com algum frio e neve. Chegávamos cedo à empresa e ele estacionava o carro longe da porta de entrada (são dois mil empregados que vão de carro para a empresa). No primeiro dia não fiz qualquer comentário, nem tampouco no segundo ou no terceiro. Num dos dias seguintes, já com um pouco mais de confiança, uma manhã perguntei: – Vocês têm lugar fixo para estacionar? Chegamos sempre cedo e com o estacionamento quase vazio você estaciona o carro no seu extremo? E ele me respondeu com simplicidade: – É que como chegamos cedo temos tempo para andar, e quem chega mais tarde já vai entrar atrasado, por-

tanto é melhor para ele encontrar um lugar mais perto da porta. Entendeu?

Imaginem a minha cara! Esta atitude foi bastante para que eu revisse todos os meus conceitos anteriores.

Ao agirmos em benefício do outro, iniciamos um ciclo de atitudes que impactam tudo ao nosso redor.

Não importa se alguém pensa que está perdendo, quando abre mão da sua zona de conforto para melhorar a vida de alguém. A força das boas atitudes tem o poder de atrair novas ações, criando um ciclo do bem. A cada ação boa, novo ciclo de virtudes se espalha pelo mundo.

A empatia ainda vai salvar o mundo. Se acreditarmos e quisermos uma convivência social melhor, precisamos ensiná-la aos outros, por meio do nosso exemplo. Apenas fazendo a nossa parte é que construiremos o mundo o qual sonhamos viver. Chegou a hora de exercitar o melhor que há em nós, para ofertá-lo à nossa sociedade.

Já não há mais tempo para esperar que o mundo mude sozinho. A era das reflexões e reclamações acabou, chegou a hora de exemplificar e agir.

A capacidade de olhar pelos olhos dos outros e de procurar sentir o que o próximo sente é ativada, individualmente, e de forma diferente em cada ser humano.

#EmpatiaJaimeRibeiro #EspalheEmpatia

14 - Política e empatia

Aprender a ficar no lugar de outra pessoa, para ver através dos seus olhos: é assim que a paz começa. Cabe a você fazer isso acontecer. A empatia é uma qualidade de caráter que pode mudar o mundo.
Barack Obama

Quando Bernie Sanders correu para socorrer um homem que tinha desmaiado, durante o seu discurso na corrida presidencial americana de 2016, seus eleitores aproveitaram a naturalidade com que ele agiu para ajudar uma pessoa caída ao chão, para potencializar a sua empatia e compaixão. Esse discurso, que sempre esteve presente em suas falas como candidato, contribuiu para angariar uma legião de simpatizantes à sua corrida para concorrer à presidência da nação mais importante do mundo.

O sonho de ter um líder capaz de tomar decisões justas e alinhadas com as necessidades de quem mais sofre com a desigualdade é o desejo de todas as nações.

Equilibrar a complexa balança dos interesses políticos e econômicos com as necessidades da população em geral talvez seja a mais difícil tarefa na qual um político bem-intencionado pode se envolver.

As decisões duras muitas vezes são necessárias, mas podem ser desastrosas em qualquer contexto. Em especial porque a cada dia que passa, a economia mundial está mais interligada e dependente de fatores externos.

Com tantas consequências e caminhos possíveis na gestão pública, em que muitas vezes as escolhas são seguidas por renúncias que podem ser prejudiciais para a vida de muitas pessoas, reconhecemos que a empatia é uma qualidade essencial para um grande líder político?

Com tantos conflitos raciais, violência e preconceito contra grupos religiosos, escândalos relacionados à corrupção, não parece que precisamos mais do que nunca de líderes capazes de olhar o mundo na perspectiva do outro?

O psicólogo Paul Bloom da Universidade de Yale acredita que não. Para ele a empatia não é uma qualidade importante em um líder. Segundo a sua perspectiva, a empatia nos leva à parcialidade e a ajudar mais as pessoas com quem simpatizamos, em vez de cuidar também dos grupos que não nos são intimamente familiares. Os estudos de Bloom e sua equipe simplificam, dizendo que embora possa inspirar o altruísmo, a empatia, do mesmo modo, pode ser contaminada por preconceitos e não necessariamente se traduzir em uma tomada de decisão moral.[27]

Quando a empatia é confundida com solidariedade coletiva ou parece ligada a uma necessidade de compaixão social impulsionada pela mídia, pode até se sustentar um conceito sobre o desentendimento de sua importância para a sociedade.

Não podemos despertar empatia apenas com discursos prontos, notícias sensacionalistas ou catástrofes.

---

27 *Against empathy*: the case for rational compassion. Paul Bloom. Editora Ecco, 2016.

A necessidade de ser empático é íntima.

A capacidade de olhar pelos olhos dos outros e de procurar sentir o que o próximo sente é ativada, individualmente, e de forma diferente em cada ser humano.

Temos certeza que o conjunto das mudanças singulares vai consolidar um comportamento coletivo melhor e, por conseguinte transformar a sociedade. Dessa forma, é pouco provável que a mídia, ou qualquer tipo de manipulação tendenciosa nos desvie o olhar do que realmente importa nas relações humanas: o ser humano.

Os políticos que baseiam seu discurso de campanha contra grupos têm o objetivo de criar um sentimento de separação, o "nós contra eles", jogando com o medo e a raiva, para confundir as pessoas.

Infelizmente, ao longo da história humana, temos alguns contextos cronológicos que favoreceram esse discurso, criando uma sensação de união e pertencimento por parte da população, fazendo com que algumas pessoas se sintam seguras e protegidas. Nenhum desses modelos se sustentou e custou muito sofrimento à humanidade.

Felizmente, outros especialistas como a Dr.ª Emma Seppala, autora do livro *The Happiness Track*[28] e diretora do centro de pesquisa e educação sobre compaixão e altruísmo da Universidade de Stanford, confirmam o que Goleman e outros especialistas já diziam sobre as habilidades essenciais da liderança. Segundo Seppala, "os melhores líderes são aqueles que possuem alta inteligência emocional e uma abordagem orientada por valores: humildade, compaixão, confiabilidade e empatia."

Eu não só concordo com ela, como afirmo que apenas a empatia pode mudar o mundo. Na verdade, ela é a única alternativa para salvar a nossa sociedade.

---

28 *The happiness track*. Emma Seppala. Editora Harper Collins, 2016.

A empatia é uma conexão humana profunda. Quando se tem empatia com o cônjuge, mostra-se que se entende e se sente o que o parceiro está sentindo.

#EmpatiaJaimeRibeiro #EspalheEmpatia

15 - CASAMENTIA

A amizade surge de uma empatia, mas sobrevive de reciprocidade.
Ataíde Lemos

Provavelmente, existem centenas de milhares de textos, artigos e estudos sobre o casamento. Esse tema é um dos mais comentados e analisados por especialistas em relacionamentos e família, o que me deixa bastante confortável para não precisar trazer uma perspectiva inédita.

Hoje, as pessoas se casam com o propósito de formar uma nova família e com isso serem felizes.

Por que será que quando um homem vai se casar é comum ouvir dos amigos: – Não cometa essa loucura! Pense bem!?

O mais intrigante é que esse conselho vem, geralmente, de quem já é casado.

Temos duas hipóteses para a motivação de tal conselho: o conselheiro é muito infeliz no próprio casamento ou vem passando por desafios dolorosos ao longo de sua relação.

Eu acredito nas duas opções. Como sonhador e romântico, acredito que passar por todos os desafios inerentes às relações afetivas, junto com a pessoa que você escolheu para dividir a sua vida, é uma aventura humana incrível. Obviamente, que estou falando de relações em que ambas as partes são social e mentalmente saudáveis.

Sabemos que os conflitos são inevitáveis no casamento, ou em qualquer outra relação humana mais íntima, pelas mais variadas razões. É a capacidade de lidar com esses desentendimentos que dirá se uma relação afetiva durará ou não.

Segundo os pesquisadores Dr. Gottman e Robert Levenson, a diferença entre casais felizes e infelizes é o equilíbrio entre interações positivas e negativas, durante um conflito.

Um grande amigo de infância se divorciou, após não conseguir lidar mais com os resultados das discussões com sua ex-esposa. Dizia que entendia quando ela se chateava e ficava zangada, mas que era difícil quando ela o criticava sistematicamente e tentava humilhá-lo na frente de amigos e familiares. Era comum, após uma briga, ela ficar sem conversar com ele por semanas e, ao longo desse tempo, procurava situações para criticá-lo. Até mesmo nas situações em que outras pessoas estavam por perto, ela buscava uma forma de ignorá-lo e fazer com que ele se sentisse isolado.

A maioria das pessoas fala que paciência e resiliência são os segredos para se manter um casamento.

Eu concordo de certa forma com esse pensamento, mas tenho certeza que apenas a empatia entre o casal tem o poder de manter a felicidade durante um casamento.

A empatia é uma conexão humana profunda. Quando há empatia entre os cônjuges significa que se entende e se sente o que o parceiro está sentindo.

Dizer coisas como: "Eu compreendo como você se sente" ajudará o outro a compreender que estamos ao lado dele.

Um pedido de desculpas por ter magoado o outro não necessariamente implica que a outra parte está certa. Às vezes, esperamos que "quem estava errado" peça desculpas e esquecemos de exercitar a compreensão na perspectiva do outro. Muitas vezes, no meio de uma discussão, é muito eficaz dizer: "Me desculpe, eu magoei seus sentimentos."

"Isso me deixa triste." Dessa forma, você fornecerá interação positiva e empática que reforça seu vínculo. A repetição ilimitada dessa prática pode trazer benefícios saudáveis para a relação, mesmo durante a solução do problema.

Demonstrar empatia em um relacionamento fortalece a conexão entre os parceiros. As pessoas que não têm empatia tendem a não compreender como se sente o parceiro em variadas situações.

Pode funcionar dizer para o outro como você se sentiu ou o que pensou, quando cometeu algum equívoco. Se você não estiver casado, ou casada, com um parceiro que tenha esquemas psicológicos desajustados, certamente esse será um recurso precioso para praticar e desenvolver a empatia.

"Além de ouvir, expressar ao seu parceiro que você entende o que ele(a) está passando, pode mostrar que você está sendo mais empático com suas emoções, em vez de apenas ignorá-las", diz a terapeuta e especialista em relações da Universidade de Columbia, Laurel Steinberg.

Os casais felizes geralmente demonstram sua empatia comunicando-se verbalmente, dizendo que estão dedicando tempo para imaginar o que seus parceiros estão vivenciando.

Infelizmente, esse tipo de interação nem sempre é vivida em boa parte dos casais.

Alguns amigos psicólogos relatam inúmeras histórias tristes e trágicas, que facilmente teriam um final feliz se ambas as partes praticassem a empatia na relação.

A história mais impactante que eu tive a oportunidade de presenciar foi a de Sandro e sua esposa. Após um período de dependência em drogas e álcool, ele levou o seu casamento ao limite. Apenas com a ajuda da esposa e alguns de seus filhos conseguiu largar os vícios e retomar a vida em família. Como consequência do período de crise, dois dos quatro filhos pararam de falar com ele, e a esposa passou a tratá-lo feito um estranho.

Passou-se mais de um ano e as coisas não voltaram ao normal.

Sandro tinha consciência de que a esposa o ajudara a largar os vícios. Contudo, não tinha certeza se isso tinha ocorrido por amor ou por ela depender do trabalho dele para continuar usufruindo de uma vida confortável, sem muito esforço. A dúvida aumentou quando começou a fazer terapia e constatar que se entregar ao vício tinha sido uma fuga de suas impossibilidades como indivíduo no casamento.

Com vinte anos de casado, apesar de ser um empresário bem-sucedido, já não tinha mais amigos ou familiares por perto. Seu ciclo social se restringia às escolhas impostas pela esposa. Até mesmo em seus aniversários, os convidados eram do ciclo de amigos dela, poucas vezes apareciam pessoas ligadas a ele.

Quando a família se reunia para as refeições, sua opinião quase sempre era ignorada. Não importava se fosse um especialista no assunto ou não, a palavra dele nunca encontrava ouvidos, razão que o levou a se acostumar ao completo silêncio ou a cumprir o papel de fingir que era um leigo e ignorante. Esse comportamento podia até convencer os seus familiares, contudo, qualquer observador atento percebia que se tratava apenas de uma representação para evitar conflitos. Bastava sair com ele às ruas para observar que a sua simpatia e sabedoria encontrava em estranhos, o que não era mais possível de se viver entre os entes queridos.

O preço do perdão pelos seus erros foi a completa anulação de suas vontades e opiniões. Se antes já não existia a tentativa de se compreender as suas necessidades e como se sentia, agora só lhe restava o silêncio e a obediência.

Permaneceu casado, todavia, naquela relação não restava mais muita coisa dele mesmo.

A esposa e seus familiares já não eram capazes de perceber que ele estava profundamente infeliz, porque a migalha emocional de ter o direito de continuar entre eles era suficiente para que até mesmo ele acreditasse que levava uma vida normal, apesar de suas angústias.

A empatia deve ser uma prática constante, independentemente da gravidade dos conflitos existentes nas relações humanas.

A habilidade empática, quando praticada em doses homeopáticas, pode atuar como prevenção para que o casal não passe pelo que Sandro e sua esposa passam até hoje.

Se esforçar por ouvir é um bom início, mas para avançar na construção de uma relação saudável e empática é preciso lembrar que o outro também tem qualidades, defeitos, sonhos e necessidades.

Por isso eu criei a palavra "Casamentia", para que não esqueçamos de que casamento e empatia andam interligados e casados.

A prática da empatia no casamento também é um importante elemento educacional para os filhos.

Seguindo o exemplo dos seus responsáveis, as crianças e jovens também serão capazes de construir relações positivas e saudáveis quando se tornarem adultos, tendo menos chances de se envolver em relações tóxicas e baseadas em dependência emocional.

É um desafio demonstrar empatia em um ambiente competitivo no qual as pessoas são ensinadas a idolatrarem a si mesmas.

#EmpatiaJaimeRibeiro #EspalheEmpatia

16 - Empatia e liderança

Suponho que a liderança já significou ter músculos, mas hoje isso significa dar-se bem com as pessoas.
Mahatma Gandhi

No dia em que fui promovido e aceitei me tornar líder na organização onde eu trabalhava, eu sabia que ainda não estava preparado para aquele desafio. Em alguns momentos me sentia muito jovem, em outros, acreditava que algumas pessoas do time mereciam estar no meu lugar, por conhecer mais do negócio. Mesmo com tantas dúvidas e considerações, não havia mais a possibilidade de voltar atrás.

Eu agora era um gestor. Precisava mostrar que era capaz de entregar resultados para a empresa que me contratara, apostando no meu potencial de um dia estar naquela posição. A dúvida se eu deveria ser o escolhido já mostraria fraqueza e, para mim, um líder não podia mostrar fragilidades. Agora não era mais como na ONG em Olinda, Pernambuco, onde eu fazia parte quando era adolescente. Eu já não liderava aqueles jovens que queriam fazer a própria parte para diminuir a desigualdade social. Com pouco mais de vinte e cinco anos de idade, eu estava à frente de uma unidade de negócios da maior multinacional brasileira. Precisava urgentemente entregar resultados, mas não sabia nem por onde começar para ser bem-sucedido na importante tarefa de gestor de gente.

Como plano de ação para meu próprio desenvolvimento, decidi fazer duas coisas: espelhar-me no melhor líder que encontrasse na empresa e que pudesse me inspirar em valores, reconhecimento e capacidade de mobilização para executar tarefas, e ler toda a literatura disponível ao meu alcance sobre liderança e gestão de pessoas.

A primeira tarefa foi concluída com sucesso. Encontrei um gestor que tinha quase todos os atributos que minha avaliação pessoal conferia, como características de um grande líder, e passei a copiar todas as suas ações.

A segunda tarefa foi um pouco mais difícil. Provavelmente, porque existem mais títulos de livros sobre liderança do que pessoas inspiradoras e preparadas liderando dentro das organizações ou, talvez seja porque para mim sempre foi mais fácil escolher pessoas do que coisas, ao longo da minha vida.

Mesmo assim, não desisti da busca. Sabia que precisava de fundamentos teóricos para me desenvolver. Certo dia, estava revirando minha biblioteca e encontrei um exemplar de um pequeno, mas poderoso livro chamado O Gerente Minuto[29], e me encontrei naqueles princípios simples, que faziam todo sentido para mim.

Agora, conhecendo o "Objetivo-Minuto", o "Elogio-Minuto" e o "Redirecionamento-Minuto" eu me sentia apto para ser um bom gestor também.

Era exatamente aquilo que eu estava procurando: foco em resultados com humanização. O livro ensinava a gerenciar e a desenvolver pessoas com objetivos bem definidos, sendo reconhecidas na proporção em que entregam resultados extraordinários e sendo corrigidas e direcionadas com a corresponsabilidade de seus gestores, quando cometem equívocos.

Após ler e reler aquela obra algumas vezes, eu me senti empoderado para minha nova responsabilidade.

No dia seguinte, fui ao trabalho com os mantras que trago comigo até hoje: "Flagrar pessoas fazen-

---

[29] O gerente minuto. Ken Blanchard e Spencer Johohnson. Editora Record, 1982

do coisas certas", "Olhar o lado cheio do copo, ao invés de olhar só o vazio", ou até mesmo qualquer outra frase clichê conhecida, que me relembre a obrigação humana de entender a perspectiva do outro, e de que sempre há uma chance de se enxergar a vida com otimismo.

Aquela foi a semente para que, no futuro, eu entendesse claramente que é obrigação de um bom líder dedicar tempo para entender as necessidades de sua equipe, oferecendo o suporte necessário para que encarem desafios e dificuldades que poderiam obstaculizar o alcance de suas metas.

Quando a empresa me transferiu de Recife para o Rio de Janeiro, meu novo time não me conhecia. Estávamos ainda naquela fase de observação mútua.

Certo dia, eu estava preparando uma análise de resultados em uma sala e escutei uma conversa vinda do corredor. Eram pessoas da minha equipe, que estavam blasfemando e reclamando que o superior não trabalhava tanto quanto eles. Diziam que ser chefe era moleza, que o gestor não fazia ideia do que eles passavam no dia a dia. Eu saí da sala para entender melhor as razões das reclamações. Quando cheguei perto da roda, um deles falou para todos com um tom sarcástico: "O gerente, então, nem se fala. Esse fica ali no computador, vai algumas vezes à rua, apenas para apontar erros, dizer que não estamos fazendo o nosso trabalho e ainda ganha bem mais que a gente. Eu queria essa moleza para mim."

Quando viram que eu me aproximava, dispersaram e saíram todos bastante desconfiados, certamente preocupados se eu havia ouvido a conversa. Cumprimentei todos com um sorriso e fui para casa pensativo.

Como eu mostraria a eles o quanto as minhas responsabilidades eram árduas? Como falar das dores e solidão de quem está na gestão, sendo cobrado por resultados de crescimento? Como poderia fazer com que eles fossem mais empáticos com o supervisor, que era duramente cobrado por mim? Por último, no que eu estava falhando enquanto líder, para que meu time pensasse que eu não fazia parte das lutas deles, para alcançar suas metas e desafios?

Na manhã seguinte acordei e lembrei-me de uma frase magnífica de Eleanor Roosevelt: "Para gerenciar a si mesmo, use a cabeça; para lidar com os outros, use o coração." Ao pensar nessa frase eu tive uma ideia que poderia dar certo: lançaria um programa chamado "gerente por um dia".

A mecânica do programa era simples: uma vez por mês, eu vestia o uniforme de um vendedor, pegava seus equipamentos, sua moto, sua lista de clientes e saía para executar todas as atribuições e obrigações que ele tinha junto aos seus clientes. Nesse mesmo dia, o vendedor, a quem eu tinha substituído, ocupava meu lugar como gerente da unidade. Chegava mais cedo para preparar a reunião matinal para todo o time; analisava os resultados do dia anterior e da última semana de cada um dos trinta membros do time de vendas; fazia a conta da meta necessária para chegar ao resultado do dia e desdobrava o desafio para todos. Depois das análises, fazia uma palestra motivacional para a equipe.

Após todas essas tarefas internas, saía para a rua para me treinar e me orientar. No final do dia, apurava o resultado de vendas de cada supervisor e, em seguida, ligava para o diretor para prestar contas. Podia ouvir alguns parabéns, pelo resultado, ou uma calorosa "palavra de insatisfação", por não ter conseguido bater a meta.

No dia seguinte, eu pedia ao "Gerente por um dia" para relatar para o time como tinha sido a sua experiência do dia anterior e o que ele tinha a dizer sobre as atribuições, responsabilidades, facilidade de execução e dificuldades. Após alguns sorrisos, que demonstravam que a experiência tinha sido surpreendente, a resposta era bem pragmática: – Foi duro! Não quero essa vida todo dia. Vocês não têm noção!

Após essa experiência a relação entre o time e toda a liderança mudou completamente para melhor. O nível de diálogo e relacionamento foi impactado positivamente pelo programa.

*O líder empático não tem obrigação
de agradar a todos querendo se fazer
amar a qualquer preço.*

Muitas vezes, o processo de liderança leva a decisões duras e apontamentos que não agradarão às pessoas da equipe. Contudo, ter interesse genuíno pelas pessoas e entendê-las em suas dificuldades demanda tempo e esforço.

A empatia é a única possibilidade de entendimento, quando a intimidade e o tempo de convivência não são aliados das relações humanas. Apenas sendo empáticos, poderemos enxergar no outro, mesmo que seja um desconhecido, completamente diferente de nós, um ser humano com particularidades tanto quanto nós as temos. Por meio desse espelho emocional nos conectamos com as necessidades do outro.

É um desafio demonstrar empatia em um ambiente competitivo onde as pessoas são ensinadas a idolatrar a si mesmas.

É mais fácil gritar, reclamar ou substituir. Desenvolver as pessoas e analisar cenários para entender os ofensores dos resultados das empresas é mais trabalhoso do que demitir. Como demonstrou Zygmunt Baumann no seu livro *Tempos Líquidos*, a relação dentro das organizações pode sofrer com o efeito da modernidade preguiçosa e líquida.

> *Decisões líquidas são tomadas por líderes líquidos. Todo gestor precisa de profundidade no trato humano para vencer a barreira da posição de chefe, dada pelo seu superior, para alcançar o reconhecimento da equipe e se tornar um líder.*

Apenas assim ele impactará a vida das pessoas enquanto, simultaneamente, constrói resultados sustentáveis para as organizações.

Apesar de ser uma palavra que poucas vezes relacionamos ao mundo dos negócios, a *Harvard Business Review* apontou que a empatia é hoje um importante componente da liderança, por três motivos: melhorar o desempenho do time; lidar com o rápido crescimento da globalização e gerir a crescente necessidade de reter talentos.[30]

Provavelmente, a empatia é a habilidade que vai caracterizar os líderes das organizações, que sobreviverão no cenário competitivo de um futuro muito breve.

As organizações que contratarem líderes empáticos sairão na frente daquelas que ainda insistem nos resultados de curto prazo, criam falsa cultura

---

[30] Artigo: "What Makes a Leader?" Daniel Goleman. Harvard Business Review, 1998, p. 89-90.

de gestão de pessoas e colocam a competitividade em evidência, muitas vezes disfarçada de meritocracia, deixando para trás o investimento genuíno em pessoas.

No 'mundo do selfie' ter líderes com a habilidade de olhar nos olhos dos colaboradores e interpretar como eles se sentem será um diferencial que vai custar a existência e a permanência de muitas empresas.

Felizmente, não precisamos nos desesperar! Ainda há tempo para prepararmos esses líderes de amanhã, ajudando-os no desenvolvimento da empatia. Como falamos no início deste livro: somos todos *Homo Empathicus*. No futuro, nossa vida só fará sentido se deixarmos nossa natureza seguir o seu curso natural evolutivo e assumirmos nosso papel ativo da sua transformação.

Nossas crianças empáticas serão líderes que, mesmo em horas difíceis, considerarão o sentimento dos outros para tomar decisões inteligentes. Serão fortes e inspiradores, mas jamais perderão a conexão de que a empresa é feita de pessoas e para pessoas.

Esse equilíbrio que terão, no papel de liderança, será o legado que lhes deixaremos por meio do ensino e da prática das habilidades socioemocionais.

Porque somos seres humanos, temos a obrigação de agir melhor do que os outros seres vivos.

#EmpatiaJaimeRibeiro #EspalheEmpatia

17 - O velho e o moço

Sei do incômodo
E ela tem razão
Quando vem dizer
Que eu preciso sim
De todo o cuidado.

Rodrigo Amarante – Los Hermanos

Era uma tarde de domingo ensolarada no Rio de Janeiro. O tempo pedia um passeio ao ar livre, para paquerar a cidade. Coisa que quem é carioca ou mora na cidade há bastante tempo sabe muito bem como gostamos de fazer essa contemplação no dia a dia. A cada mudança de paisagem o Rio surpreende com novo cenário, nos fazendo suspirar enamorados.

Naquele dia, eu precisei mudar os planos de curtir o sol e fui ao shopping, acompanhado de duas pessoas do meu convívio, naquela época.

A mudança era por uma boa causa: naquele final de semana era a estreia de um filme que eu estava aguardando há meses.

Para a infelicidade dos cinéfilos, que adoram a deliciosa bagunça que se forma na frente dos cinemas de rua e seu cheiro de pipoca, os cinemas de rua estão desaparecendo. Quando queremos assistir a um filme, temos de nos contentar em ir a lugares como shopping centers.

Provavelmente, o plano inicial daquele casal que estava no carro parado na nossa frente fosse o mesmo que o meu. Se pudessem escolher, estariam na praia, no Baixo Gávea vendo o povo passar de um lado para o outro ou em algum cinema de rua. Locais que acredito que frequentavam durante a juventude.

A minha escolha de ir ao shopping center foi voluntária, a deles possivelmente porque poucos locais públicos estão preparados para receber pessoas da terceira idade.

Tratava-se de um casal de idosos que imediatamente me pareceu muito simpático. Enquanto ele dirigia, ela olhava para frente com um rosto tão alegre, que após tantos anos, sou capaz de lembrar detalhadamente de sua fisionomia. Aqueles olhos castanhos-claros de óculos grandes e um cabelo grisalho tão arrumado que parecia os penteados que só vemos em filmes antigos.

Certamente, por ser mais prático, seguro e com o piso sem desníveis, escolheram o shopping center como destino para o passeio dominical.

Ao cruzar meus olhos com os deles, carros frente a frente, sorri de lá do banco do carona e acenei, sinalizando que poderiam passar na nossa frente, para dobrar a rua do estacionamento.

Naquele momento, minha mente foi longe. Imaginei quanta história de vida aquele casal tinha para contar. Pensei em quanto perdão e exercícios de compreensão foram realizados entre aqueles dois, para que estivessem juntos naquele domingo, provavelmente para ir ao cinema, assim como eu.

Subitamente, meus pensamentos foram interrompidos por uma voz alta. Quase um grito. Que me repreendia porque dera passagem para o outro carro. Eu tentei explicar dizendo que se tratava de dois senhores de idade, mas do outro lado ouvi apenas que lugar de velhinho era em casa. Preferência por idade apenas em hospital. Eles estão aqui para passear, assim como nós. Não há razão para ter qualquer privilégio, disse a motorista do carro, uma jovem profissional da área de saúde com pouco mais de trinta anos.

Eu não soube o que falar, fiquei em choque. Nunca tinha presenciado, de forma explícita, um nível de intolerância tão desprezível aos mais velhos. Olhei para a terceira pessoa que estava no carro e ela também parecia espantada com a cena.

Eu apenas conseguia dizer para a motorista do carro se acalmar. Repeti que se tratava de uma gentileza feita para um casal idoso e que era nossa obrigação agir de forma gentil. A resposta foi certeira: – Calma nada! Quando você estiver dirigindo, poderá dar preferência a quem quiser.

Fiquei sem reação. Pensei em descer do carro e voltar para casa.

Perguntei-me o que estava fazendo ali, dividindo o domingo com uma pessoa que não era capaz de perceber que os mais velhos, antes de quaisquer outros tipos de pessoas, precisam da empatia dos mais jovens para que a vida seja mais leve e menos amarga.

A visão daqueles dois dentro do carro, a lembrança da ideia de quanto perdão existiu para que estivessem juntos naquele domingo me motivaram a respirar fundo e a permanecer onde eu estava.

Esqueci momentaneamente a crise existencial, provocada pela incompatibilidade de valores que foi denunciada por aquela ação inapropriada, que tinha acabado de acontecer.

O casal passou calmamente por nós, sem se dar conta do que tinha ocorrido. Espero que a tarde deles tenha sido agradável, surpreendente e que tenham encontrado com pessoas gentis ao longo do resto daquele domingo.

Histórias como a que narrei aqui acontecem diariamente na vida dos idosos. Os mais corajosos, que se aventuram a viver uma vida social, encontram-se frequentemente com pessoas que acreditam que o mundo é um instrumento particular de uso próprio. Acham que precisam excluir aqueles que atrapalham a velocidade de quem tem pressa e acreditam que tudo gira em torno de suas próprias necessidades e desejos.

Todo mundo já deve ter presenciado na vida algum tipo de violência ou descaso contra os idosos. Talvez cada um de nós, em algum momento da vida, tenha cometido esse equívoco, em algum grau de intensidade.

Para uma sociedade que a cada dia está mais velha, agir empaticamente, levando em consideração as limitações dos idosos, é uma necessidade imediata.

Segundo pesquisa feita pelo IPEA[31] em 2011, a população brasileira envelhece a passos largos. Em breve, mais da metade da população terá mais de quarenta e cinco anos de idade. Isso está acontecendo por vários motivos: pela queda contínua na taxa de fecundidade da mulher brasileira e pelo aumento expressivo da expectativa de vida dos mais idosos entre outros fatores.

A situação ao redor do mundo não é muito diferente. Em 2030, a população acima de sessenta anos em países como Alemanha e Japão, por exemplo, deve chegar a vinte e seis por cento do total.

Mesmo que seja impulsionado pelo egoísmo e interesse próprio, pessoas pouco empáticas também deveriam exercitar a possibilidade de enxergar a vida pela perspectiva do idoso, quando estivessem em contato com eles.

Do nosso lado, pessoas que desejam agir em bloco para criar a geração empática do futuro, torna-se necessário explicar aos nossos filhos como agir diante dos mais velhos. Usando nossos valores e estatísticas que já estão disponíveis para todos, vamos ensiná-los a conviver de forma amorosa e, principalmente, justa, com aqueles que por sua vez foram os jovens de ontem.

---

31 Pesquisa: http://www.ipea.gov.br/portal/images/stories/PDFs/livros/livros/livro_situacaosocial.pdf

Os cientistas têm nos ajudado com essa importante tarefa. Em Berlim, no ano de 2012, foi criado o projeto "Age Men", que tem por objetivo fazer com que as pessoas entendam o que para muitos parece óbvio: que a velhice não é uma doença.

A pesquisadora Rachel Eckardt, do Centro Evangélico de Geriatria de Berlim (EGZB), criou uma roupa que permite aos estudantes de geriatria vivenciar, na pele, as deficiências enfrentadas pelos seus próprios pacientes.

Com o traje, os estudantes parecem estar vestindo uma roupa de astronauta, mas na verdade estão vestindo o terno da empatia.

Vestidos dessa forma, os estudantes podem entender bem mais o que é ser uma pessoa de setenta e cinco anos de idade, uma vez que a roupa não restringe apenas os movimentos do corpo e a locomoção, mas a visão e a audição que são igualmente comprometidas, dificultando o equilíbrio e a capacidade de orientação.

Essa iniciativa vem ajudando os alunos a entender o que acontece fisiologicamente com os idosos, podendo impactar diretamente na forma como eles são tratados nos hospitais. É um instrumento que pode ser útil para mudar o patamar da relação dos profissionais com os idosos, evoluindo da simpatia para empatia, saindo do campo do "sei como se sente" para o "eu sinto o que sente."

Talvez não precisemos participar de experiências tão palpáveis para entendermos qual o nosso papel na sociedade em que estamos inseridos.

O exercício da empatia não pode ser feito apenas junto àqueles com quem estamos familiarizados. Até mesmo os animais se defendem e se compreendem mais quando estão próximos aos seus semelhantes.

Porque somos seres humanos, temos a obrigação de agir melhor do que os outros seres vivos.

Embora algum de nós ainda se comporte de forma desumana e outros ainda se encontrem presos a esquemas psicológicos doentios, que dirigem a forma como tratam e cuidam do próximo, exaltando o lado patológico e cruel do narcisismo, somos animais sociais e precisamos uns dos outros.

Eu espero que nossos filhos não precisem mais dos trajes simuladores, criados pela pesquisadora Rachel Eckardt, para amar e respeitar os idosos e liderem o mundo com suas habilidades empáticas que estamos ajudando a desenvolver.

Em um futuro muito breve, pessoas como a jovem motorista, do caso que eu presenciei, não se sentirão mais à vontade para expressar sua insensibilidade contra os mais velhos.

Das crianças até os adultos, somos todos um conjunto de impressões e vivências.

Dentro de nós estão entrelaçados pedaços do que construímos sozinhos na vida, mas também partes importantes que foram herdadas dos nossos pais e avós.

Cada um de nós carrega dentro de si um pouco de cada um deles, do que são e dos aprendizados que foram vividos no passado de suas vidas. Por isso, cada um de nós vive hoje, mas também vive em outros tempos ao mesmo tempo.

Ao cuidar do idoso talvez estejamos cuidando de nós mesmos e ainda não nos demos conta disso.

A empatia evoca um
engajamento ativo,
que não existe apenas
na observação e
não pode cultivar
satisfação, a qualquer
pretexto, no sofrimento
alheio.

#EmpatiaJaimeRibeiro #EspalheEmpatia

18 - Empatia em ação

O amor é um sentimento e não um investimento, apenas quando não estamos esperando nada em troca é que estamos dando o mais puro amor.
Jaime Ribeiro

Durante muitos anos, participei de um grupo que visitava hospitais de doentes terminais, para levar lanche e conversar com os enfermos. O nosso objetivo era confortar aqueles que enfrentavam o que, geralmente, os conselheiros classificam de problemas de verdade.

Os pacientes nos recebiam com muita alegria. Muitos deles não recebiam, fazia anos, visitas de qualquer familiar. Encontravam naqueles momentos, uma forma de se relacionarem com pessoas diferentes das que conviviam no dia a dia, que estavam de alguma forma relacionadas à vida no hospital.

Esses domingos eram muito especiais para o nosso grupo. Sabíamos que estávamos trocando o nosso tempo livre para viver uma experiência humana extraordinária. A sensação de se sentir útil e de fazer a parte que lhe cabe, para que o mundo seja um lugar melhor, é recompensadora e prazerosa para quem sonha com um mundo bom e justo.

Naquele local, encontram-se internados crianças e adultos. Homens e mulheres que muitas vezes nos ensinam grandes lições de vida, trazendo experiências e histórias maravilhosas. Certamente, assimilamos mais aqueles momentos devido à sensibilidade que desabrocha em nós, quando estamos em contato com pessoas que se encontram em sofrimento.

Surpreendentemente, a expectativa de palestrante que levaria a palavra de conforto, muitas vezes se transformava em posição de ouvinte e aprendiz, remodelando aquelas experiências em aulas para própria vida.

Alguns dias antes das visitas eram feitas divulgações para convidar voluntários a se juntarem ao grupo. Nessas promoções, era muito comum se ouvir a seguinte mensagem de motivação: "Vocês vão adorar visitar o Hospital do Câncer de Recife. Vão perceber que ao sair de lá, vão se sentir muito melhores. Descobrimos que não temos problemas de verdade. Dessa forma, nós ganhamos mais que eles. Venham para o nosso grupo!"

Quando eu ouvia aquela mensagem, sentia que tinha algo que não estava muito encaixado. Ninguém deveria pensar que ganharia alguma coisa, apenas por visitar pessoas doentes, em condições lamentáveis de sofrimento. O objetivo da visita deveria ser o de fazer com que aquelas pessoas se sentissem amadas. Nós não deveríamos ter como motivação receber energia extra para continuar lidando com nossas lutas do cotidiano, de uma forma mais motivada e resignada. Não poderia ser como se estivéssemos tomando uma lata de energético, ou ligando nossa resignação na tomada do sofrimento do outro para recarregar nossa resiliência.

Eu tinha apenas dezessete anos, mas algo já me dizia que aquela comunicação estava desviando o propósito do trabalho. Por outro lado, me conformava ao pensar que talvez aquela fosse a única forma que alguns trabalhadores encontravam de levar mais recursos para os enfermos. Provavelmente, eles soubessem que apelar para a empatia era muito pouco para convencer o volume de pessoas necessárias para atender a tantos doentes. Precisavam usar o egoísmo a serviço do amor.

Como na natureza tudo é perfeito, até as nossas imperfeições e lacunas morais podem servir à causa do serviço ao próximo.

Ter empatia não é 'sentir muito' porque o outro está sentindo dor, a isso chamamos compaixão. Muito menos se sentir melhor quando compara o seu sofrimento com o do próximo.

Identificar-se como menos infortunado na escala da felicidade e alimentar-se dessa comparação para confortar a própria dor é apenas egoísmo e incapacidade de se colocar no lugar dos outros. São duas perspectivas comportamentais ofensoras ao desenvolvimento empático.

Empatia acontece quando você está sofrendo em algum nível, quando o outro também está sofrendo. A empatia evoca um engajamento ativo, que não existe apenas na observação e não pode cultivar satisfação, a qualquer pretexto, no sofrimento alheio.

Diferente da simpatia, do sentimento de pena e de outras emoções despertadas em relação aos outros, que nos impacta diariamente.

Não existe empatia na contemplação e na solidariedade passiva.

Por ser um local mais fácil e confortável para ativar e envolver uma multidão em causas coletivas, as redes sociais nos transformaram em ativistas virtuais. No conforto de nossos sofás, pouco agimos, ou usamos nosso próprio trabalho e esforço para transformar o desconforto do outro em novas alegrias e esperança de uma vida melhor.

Apenas a empatia pode engajar as pessoas de forma genuína. Só ela transforma a conexão com a perspectiva do outro numa corrente que se une e se fortalece por meio do exemplo da prática social autêntica.

O nosso papel inicial é o de sermos capazes de olhar nos olhos do outro e sentirmos o que precisa ser feito para que todos sejam contemplados em suas necessidades, sonhos e aspirações humanas.

No futuro, não haverá mais espaço para analfabetos digitais. A vida digital estará fundida com quase todas as nossas atividades cotidianas.

#EmpatiaJaimeRibeiro #EspalheEmpatia

19 - A empatia será a maior habilidade dos líderes do futuro

A inteligência artificial é o futuro, mas o coração humano é atemporal. A capacidade não lidera a intenção, é o contrário que acontece.
Jaime Ribeiro

Quando se fala em inteligência artificial muitas coisas chegam imediatamente ao nosso imaginário. Logo pensamos em um futuro distante em que os robôs terão vida própria e mandarão nos seres humanos, ou concluímos, baseados em nossas crenças culturais ou religiosas, que uma máquina jamais terá a capacidade de raciocinar e sentir como apenas a raça humana é capaz.

A inteligência artificial já está entre nós, passando despercebida para muita gente desavisada.

As pessoas que acreditam que os robôs não raciocinam como nós estão com razão; os androides já são capazes de fazer isso de uma forma relativamente melhor que o ser humano.

Longe de ser um problema ou uma ameaça à humanidade, essa realidade é uma excelente notícia para a gente.

Não há muito tempo, nós somente descobríamos músicas novas e boas ouvindo rádio, escutando um DJ numa festa ou, simplesmente, pedindo sugestões de cantores e bandas aos nossos amigos. Tudo isso foi simplificado pela inteligência artificial dos serviços de *streaming* como *Spotify*, *Deezer* e *Pandora*. A inteligência artificial por trás deles analisa o nosso gosto, a partir do que escutamos, cruzam uma série de informações com seus algoritmos e depois nos sugerem músicas baseadas no que aprenderam sobre nossas preferências musicais.

Um processo semelhante se dá com os filmes. Empresas como *Netflix*, *Hulu* e *Youtube* nos indicam filmes e séries, analisando o que gostamos, assistimos repetidamente, curtimos e recomendamos aos amigos. Os "robôs" daquelas empresas são muito mais eficazes em nos indicar um bom filme do que qualquer amiga bem informada e antenada.

Isso acontece porque os robôs já conhecem mais nosso gosto cinematográfico do que qualquer amigo mais próximo.

Na verdade, as grandes empresas de tecnologia sabem melhor sobre nós do que qualquer pessoa com quem convivemos no mundo. A nossa adesão à realidade tecnológica, com suas facilidades e comodidades, tem criado um banco de dados detalhado de todas as nossas ações, preferências e particularidades.

Claro que continuaremos pedindo indicações de músicas, filmes e livros para nossos amigos, pois somos seres sociais. Esse tipo de troca alimenta algumas das melhores interações interpessoais. Contudo, sabemos que temos alguns "amigos virtuais" que são focados apenas em sugerir filmes, livros e séries novas para a gente. Temos um especialista trabalhando dedicadamente para nos oferecer a melhor possibilidade do que gostaríamos de consumir.

As próprias pesquisas no Google, feitas todos os dias por milhões de pessoas, é o caso mais popular de inteligência artificial. A ferramenta usa as nossas pesquisas e a de milhões de pessoas para alimentar as informações que a ferramenta acredita que serão mais úteis e assertivas para cada um de nós.

Com tanta informação nossa, bem como daquelas pessoas que interagem com a gente, a possibilidade de acerto só poderia ser altíssima.

Empresas de recrutamento e seleção, como a brasileira D'Hire, já usa recursos tecnológicos avançados para selecionar candidatos com as habilidades necessárias para as vagas anunciadas pelos seus clientes. O uso da tecnologia no processo de identificação do melhor candidato para uma vaga vem entregando para as empresas, que estão em busca de novos profissionais, taxas melhores de sucesso do que empresas tradicionais, que ainda utilizam apenas a percepção humana e análises curriculares para recrutamento de um novo talento.

Precisamos estar preparados para as mudanças que vão acontecer nos próximos dez anos.

O mundo estará completamente tomado por esses recursos tecnológicos. Isso significa nova revolução na sociedade, que também afetará diretamente nossos hábitos e a forma como nos relacionamos uns com os outros.

Não precisamos nos sentir pessimistas quando nos damos conta que muitos empregos que existem hoje vão sumir; outros tantos que não sabemos ainda nem quais serão, surgirão no lugar deles. Provavelmente, boa parte dos jovens de hoje estão se preparando para uma profissão que ainda não foi criada.

Muito em breve, conseguiremos prever doenças antes de se manifestarem efetivamente. Nanorobôs[32] injetados no nosso corpo combaterão infecções preventivamente, muitas vezes sem nos darmos conta que isso estará ocorrendo.

Essa revolução na medicina ocasionará mais tempo livre para que os médicos se dediquem a cuidar dos pacientes, em vez de gastar tanto tempo em investigação de diagnósticos.

Todas essas ações impactarão na nossa expectativa de vida. Se já quase dobramos nossa longevidade, no século XXI, saindo de 40 para 75 anos de vida, possivelmente teremos condições de repetir esse feito agora, neste século.

Os cientistas estão empenhados em aumentar nossa expectativa de vida. Pelo histórico, é provável que consigamos viver mais anos que qualquer outra geração viveu, quem sabe até dobrar novamente a expectativa de vida.

Isso somente será possível por causa da análise de todos os nossos dados. Os robôs utilizarão todas as informações contidas no nosso corpo e nos

---

[32] Nanorobôs são dispositivos que variam no tamanho de 0.1-10 micrômetros e construídos à escala nanométrica ou de componentes moleculares.

corpos dos nossos ancestrais, para prever e sugerir tratamentos para enfermidades, como nenhum médico da família faria de forma tão eficaz e rápida. O diagnóstico precoce ou antecipado significa mudança disruptiva no tratamento da saúde humana, impactando diretamente na nossa longevidade.

Vivendo mais e imersas em um mundo caracterizado por mudanças velozes, as pessoas precisarão se reinventar e se desafiar a criar ciclos contínuos de aprendizado, para não se tornarem tecnicamente incapazes de exercer sua vida profissional. O desenvolvimento das habilidades emocionais são a fortaleza. Para estarmos preparados para um futuro próximo no qual ainda não temos ideia de como será, precisaremos desenvolver prioritariamente as nossas habilidades humanas.

> *Ser empático e ter capacidade de adaptação a mudanças é o caminho para impedir que nos sintamos irrelevantes, ao longo da nossa jornada produtiva de convivência com a inteligência artificial, assistindo à morte e ao nascimento de profissões.*

A cada dia, nos escritórios de direito, mais análises jurídicas são feitas pelo robô Watson da IBM. A chegada dessa tecnologia mudou toda dinâmica desses profissionais, que agora contam com uma preciosa ajuda, capaz de analisar mais de um bilhão de documentos em apenas um segundo.

Alguns carros já estão sendo equipados com tecnologia que identificam sinais de exaustão física no motorista. A inteligência artificial identifica distrações e até mesmo semblante de raiva no motorista, com o objetivo de atuar na prevenção de acidentes. Se alguma coisa vai errado, o robô emite sinais de alerta e pode fazer diversas intervenções, como assumir o controle do carro de forma autônoma. Um assistente virtual pode sugerir que o condutor respire fundo para se acalmar e, logo em seguida, indique que pare o carro para esfriar a cabeça, se estiver estressado no trânsito.

Se você é usuário dos serviços de tecnologia de transportes como *Uber*, *Cabify* ou *Lyft*, possivelmente já se surpreendeu com a sugestão de destino que os aplicativos nos dão quando solicitamos uma corrida. Ao longo da semana eu tenho rotinas diferentes após o trabalho: casa, academia, estudos, trabalho voluntário. Cada um dos locais fica em bairros diferentes de São Paulo. Às vezes, me assusto porque antes de digitar para onde vou, a inteligência artificial já aponta o meu destino daquela noite. O robô sabe da minha agenda diária semanal, melhor do que meus amigos e familiares.

O mesmo acontece quando eu viajo. Os aplicativos entendem que eu não estou em São Paulo e já me direcionam para os locais que eu frequento nas outras cidades. Assim que chego a Recife, ele já me indica o endereço da casa da minha mãe.

Parece mesmo surpreendente, mas é apenas o começo de uma revolução nos serviços, que vai mudar a vida das pessoas em alguns anos.

Mesmo com alguns serviços tecnológicos ainda em desenvolvimento, já nos assustamos com a forma que a maioria das pessoas lida com o *smartphone*, por exemplo.

Atualmente, é muito comum que os adultos reclamem dos mais jovens, por não conseguirem ficar sem olhar o celular durante uma aula. Todavia, essa mesma geração crítica parece ser incapaz de encarar uma fila de espera por uma hora sem usar a internet.

O que parece um problema de gerações é uma questão de hábito. Certamente, se você é um *Baby*

Boomer – nome dado à geração que nasceu após a segunda guerra mundial, entre 1946 e 1964[33] – e toda tecnologia de hoje estivesse disponível desde a época da sua adolescência, acredita que não estaria tirando *selfies* e compartilhando cada minuto dos festivais e festinhas que participava, assim como os jovens fazem hoje? Eu aposto que sim. Poucas gerações tiveram tanto assunto para contar, celebrar e compartilhar como os *Baby Boomers* e a revolução social que impuseram à sociedade de sua época. Comparado com o envolvimento social das gerações mais novas, os *Boomers* são referência de manifestação.

Não estou dizendo que não seja uma observação legítima e que o uso do celular em excesso não impacte nas relações humanas. Isso já é um fato. Inclusive, com sérias implicações na capacidade de concentração, foco e empatia.

Olhando menos nos olhos dos outros diminuiremos a nossa capacidade de interpretar e sentir outros seres humanos.

---

[33] Alguns estudiosos sugerem que no Brasil as gerações devem ser contadas com o atraso de cinco anos por causa da velocidade da informação entre países ocidentais formadores de opinião e os países em desenvolvimento. Nota do autor.

Se hoje já constatamos cientificamente que a empatia tem diminuído nos jovens, ao longo dos últimos trinta anos, como serão os próximos trinta se em apenas dez anos a tecnologia vai virar o mundo de ponta-cabeça?

Se os robôs escolherão as coisas que vamos usar, se perceberão que estamos tristes e perguntarão se podem tocar a música que relembra o nosso dia mais feliz; se comprarão itens para a nossa casa sem que precisemos contar o estoque e se gerenciarão a nossa saúde diariamente; como será o nosso comportamento muito em breve?

Se passarmos a falar mais com máquinas do que com pessoas, isso vai mecanizar a forma como interagimos entre nós? Imagine alguém que é solteiro, que passa a semana inteira trabalhando em escritórios virtuais e fica falando o dia inteiro: "Hey, Google! Liga a luz. Hey Google, liga a televisão no programa que eu vejo às quintas-feiras à noite. Hey, Google, me conta uma história engraçada com a voz da minha mãe, que já faleceu, para eu matar saudades dela." Essa pessoa, quando estiver em um relacionamento terá grandes chances de usar com os seres humanos a mesma forma e tom com que fala com as máquinas – seco, imperativo e um tanto impessoal.

Fico feliz em saber que os assistentes virtuais já estão se equipando para responder a um comando, apenas quando pedimos educadamente. Ainda assim, o robô não deixará de ser um dispositivo que apenas obedece a ordens, o que provavelmente vai impactar ainda mais no desenvolvimento do narcisismo das próximas gerações.

Na função de educadores e transformadores do mundo, assumindo nosso papel de corresponsabilidade com a sociedade, precisamos cumprir a tarefa de orientar as próximas gerações para que cumpram sua missão no futuro.

Nunca uma geração foi tão influenciada pelos pares como a atual.

Antes, os jovens tinham contato com outros jovens apenas em períodos limitados, o que fortalecia a influência dos pais, educadores e adultos em geral, com os quais tinham contato. Com a chegada das redes sociais e dos aplicativos de mensagens, atualmente seus preferidos meios de comunicação, os jovens estão submetidos mais tempo à censura e aprovação dos amigos de sua idade. Esse excesso de contato impacta no processo de aprendizado e amadurecimento, exigindo atuação educadora mais eficiente e sustentada nas habilidades educacionais do século XXI.

O interesse dos jovens pela ciência e pela utilização de novas tecnologias precisa ser alimentado e estimulado pelas escolas e famílias.

No futuro, não haverá mais espaço para analfabetos digitais. A vida digital estará fundida com quase todas as nossas atividades cotidianas. Contudo, não podemos confundir a convivência íntima que as gerações atuais têm com as novas tecnologias com preparação para a vida e inteligência diferenciada em relação aos mais velhos.

Ainda é muito comum encontrar adultos, em especial *Baby Boomers* e a turma da geração X, encantados quando veem uma criança manipular um *tablet*. Por causa disso, assumem que estão diante de gênios e que não precisam se dedicar mais ao estímulo científico, acreditando que a criança ou o jovem vai desenvolver sozinho essa suposta "genialidade".

Isso não quer dizer que não tenhamos a obrigação de criar momentos *off-line* com eles. Já falamos sobre a importância disso aqui no livro, em especial para exercitar atividades que vão sustentar o desenvolvimento da capacidade de entender os sentimentos e se colocar no lugar dos outros.

Em um futuro mais próximo do que nós podemos imaginar, os robôs assumirão boa parte das nossas interações. Serão nossos grandes aliados na produtividade e na preservação do que nós temos de mais precioso: a vida. Nesse futuro da inteligência artificial, a habilidade mais desejada e procurada pelas instituições, sejam empresas ou demais organizações, será a empatia e as demais habilidades emocionais.

As pessoas empáticas serão as maiores lideranças desse mundo.

Não porque as pessoas conseguirão focar o desenvolvimento cognitivo longe dos números, exatamente o contrário. Até mesmo as ciências sociais e humanas se sustentarão apenas por meio de análises numéricas.

Paralelamente ao aprendizado de programação, os alunos serão estimulados e educados a se colocar no lugar do outro, a interpretar as emoções nos olhos humanos e a tomar decisões usando também essa importante variável.

Sabemos que os robôs já são capazes de interpretar se estamos felizes ou tristes, cansados ou excitados. Conseguem inclusive conversar conosco usando essas informações. Entretanto, apenas uma pessoa empática será capaz de programar e liderar uma máquina atendendo às necessidades da nossa sociedade. Os robôs podem ser muito inteligentes, mas jamais terão o que faz com que o ser humano seja a mais maravilhosa das criaturas: o coração.

Por isso, devemos nos dedicar a desenvolver nossas crianças e jovens de uma forma integral.

Em um mundo submerso em informações e conteúdos que se multiplicam em velocidades assustadoras para os mais velhos, precisamos ter senso crítico para analisar o que nos chega e decidir o que merece nossa atenção e dedicação. Apenas não nos afastando de nossas percepções e interações humanas que seremos capazes de discernir o que é melhor para nós e para a sociedade.

Apesar dos seus colegas e amigos ainda não entenderem, apesar de alguns pais ainda se encontrarem enfeitiçados com a facilidade que crianças e jovens lidam com seus *tablets* e celulares, precisamos influenciar o mundo no exercício da empatia, começando dentro de casa e levando isso para as escolas.

A empatia será a principal habilidade dos líderes do futuro, que já começou.

Nos próximos dez anos, a inteligência artificial transformará, por completo, todas as nossas relações com as coisas e isso afetará ainda mais as nossas conexões humanas.

#EmpatiaJaimeRibeiro #EspalheEmpatia

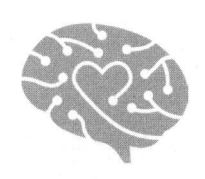

20 - Vamos mudar o mundo

Desde pequenos somos ensinados que precisamos ter objetivos e metas para a vida. Que precisamos estudar e nos esforçar para que todos os nossos sonhos e desejos sejam realizados.

Ao receber esse tipo de estímulo, nosso cérebro entende que o propósito de nossa vida é conquistar aquilo que queremos, desejamos e planejamos.

A maioria dos nossos sonhos e metas estão relacionados apenas a ter uma vida confortável, sem problemas financeiros; ser famoso ou até mesmo ter uma família estável e harmônica.

Não há nada errado nisso. Todos nós precisamos desse concurso para direcionar o nosso caminho e focar no que acreditamos que seja mais relevante.

Já sabemos que ninguém chega a qualquer lugar sem objetivos bem definidos.

Infelizmente, a maioria de nós não recebeu uma lição que também é muito importante para a vida: além de cuidar do nosso plano pessoal, temos também de nos ocupar com a missão humana de impactar de forma positiva o mundo onde vivemos.

Se esse ensinamento não foi passado durante a infância ou ao longo da nossa formação como indivíduo, é muito provável que até possamos nos tornar bem-sucedidos como pessoas, mas mesmo assim, provavelmente, não estaremos cumprindo nosso papel na sociedade.

As pessoas que mudaram o mundo e continuam transformando tudo que existe ao nosso redor são aquelas que desobedeceram ao plano individual simplificado e entenderam que tinham em suas mãos o poder de realizar seu propósito humano integral.

O nosso papel agora é criar os agentes de mudança do mundo.

Não podemos esperar mais! Chegou a hora de ensinar a empatia para as novas gerações e garantir que o futuro seja um lugar melhor para todos, independentemente das transformações aceleradas que vêm ocorrendo.

Para aqueles que ainda não tinham encontrado um propósito, ou ainda, não sabiam como poderiam impactar a sociedade de maneira extraordinária, ao longo deste livro eu acabei de apresentar uma tarefa incrível.

Estarei junto com vocês, levando esse sonho e suas discussões para as escolas, famílias, amigos e demais instituições do mundo.

Pensar que nosso plano individual se completa apenas quando ocupamos nosso lugar no plano da vida coletiva parece causar estranhamento, mas na verdade está na nossa natureza.

A ciência tem mudado as nossas vidas em uma velocidade que não conseguimos acompanhar mais. Precisamos estar preparados para essas mudanças.

Nos próximos dez anos, a inteligência artificial transformará, por completo, todas as nossas relações com as coisas e isso afetará ainda mais as nossas conexões humanas.

A empatia artificial, que é uma forma sofisticada de inteligência artificial, já está ocupando várias tecnologias, sendo capaz de interpretar emoções humanas e mudar a relação entre coisas e pessoas. Mas, muita calma nessa hora, se você está pensando: "Eu assisti ao filme Exterminador do Futuro. Só em imaginar um futuro nos quais robôs pensam e sentem, penso logo no fim do mundo."

Sinto muito por desapontar os futurólogos pessimistas, mas preciso dizer que as coisas não parecem estar se desenhando para aquele cenário aterrorizante. Estaremos mais para o "Homem de Ferro" do que para os vilões do filme do Schwarzenegger. A tecnologia nos transformará em seres humanos melhores! Mais equipados e com um nível de informação jamais imaginado.

Por isso, precisamos preparar nossas crianças para lidar com esse novo cenário. É nossa tarefa reverter a queda da empatia entre os jovens, que vem acontecendo ao longo das últimas décadas. Só mudaremos esse cenário ao praticarmos regularmente os exercícios que existem para cultivar e desenvolver a capacidade de se colocar no lugar dos outros, antes de tomar decisões e agir.

Para nossa sorte e surpresa de muitos, a empatia pode ser desenvolvida e ensinada. Apesar de estar na natureza humana, ela pode ser estimulada e ampliada.

A empatia será a principal vantagem que o ser humano terá num futuro com interações humanas completamente diferentes das que existem hoje.

Na época atual, achamos estranho e até criticamos, quando vemos uma roda de adolescentes sentados em uma mesa, cada um com o seu celular na mão, olhando para a tela. Acreditamos até que eles não estejam interagindo, mas eles garantem que sim e de fato estão, mesmo que de uma forma diferente das que estamos acostumados. Muito em breve, essa mesma geração fará reuniões rotineiras de trabalho com pessoas que nunca encontrou, em salas virtuais de teleconferência e talvez participando sempre por meio de expressões holográficas.

Contudo, todos esses contatos indiretos, apesar de oferecerem um nível de interação, irão dificultar o desenvolvimento das habilidades necessárias de interpretar emoções e sentimentos alheios.

Nosso papel, como agentes da empatia, é promover e ensinar a capacidade deles de interpretar outro ser humano.

Assim como saber outros idiomas e dominar informática é um diferencial competitivo na época atual, ser empático será uma habilidade muito requisitada e desejada no cidadão do amanhã.

Convido vocês a preparar os líderes do futuro, garantindo com isso a construção de um mundo melhor.

Construindo o lema da sua família:

Valores familiares dos

_____

1 - _____
_____

2 - _____
_____

3 - _____
_____

4 - _____
_____

5 - _____
_____

Lemas da família

1 - _____

2 - _____

3 - _____

4 - _____

5 - _____

LEMA CENTRAL DA NOSSA FAMÍLIA:

_____

_____

Para receber informações sobre nossos lançamentos, títulos e autores, bem como enviar seus comentários, utilize nossas mídias:

letramaiseditora.com.br
@ atendimento@letramaiseditora.com.br
▶ letramaiseditora
📷 letramais
f letramaiseditora

📷 jaimeribeiro
🐦 JaimeRibeiroJr

Esta edição foi impressa pela Lis Gráfica e Editora no formato 160 x 230mm. Os papéis utilizados foram o papel Off White UPM Creamy Imune 60g/m² para o miolo e o papel Cartão Supremo 250g/m² para a capa. O texto principal foi composto com a fonte Sabon LT Std 13/18 e os títulos com a fonte Sabon LT Std 25/30.